无损检测实训指导书

主　编　张　振

副主编　牟春龙　赵　俭

参　编　薛英枝　焦　洋　李　唯

华中科技大学出版社

中国·武汉

内 容 简 介

本书主要介绍无损检测技术的基本原理、操作流程和实践指导，内容涵盖无损检测的主要方法，如超声波检测、射线检测、红外检测等，并介绍了这些方法在路桥工程中的应用。理论与实践相结合，详细说明了各类检测设备的使用步骤、数据采集与分析技巧及操作中的注意事项。通过该书，可以掌握无损检测的操作规范，提升实际操作技能，并为1＋X职业技能等级证书考试做准备，确保检测过程的安全性与准确性。

图书在版编目(CIP)数据

无损检测实训指导书 / 张振主编. -- 武汉 ：华中科技大学出版社，2025. 1. -- ISBN 978-7-5772-1424-5

Ⅰ. TG115.28

中国国家版本馆CIP数据核字第2025E2M294号

无损检测实训指导书　　张　振　主编

Wusun Jiance Shixun Zhidaoshu

策划编辑：金　紫

责任编辑：王炳伦

封面设计：原色设计

责任校对：李　琴

责任监印：朱　玢

出版发行：华中科技大学出版社(中国·武汉)　　电话：(027)81321913

武汉市东湖新技术开发区华工科技园　　邮编：430223

录　　排：华中科技大学惠友文印中心

印　　刷：武汉市洪林印务有限公司

开　　本：787mm×1092mm　1/16

印　　张：9.5

字　　数：243千字

版　　次：2025年1月第1版第1次印刷

定　　价：39.80元

前言

Preface

随着交通基础设施建设的不断完善和交通运输行业的飞速发展，路桥与铁路工程作为国家经济发展和人民生活的重要支撑，承载着亿万人民的出行需求和物资运输任务。然而，由于长期使用和暴露在自然环境中，这些重要的交通设施往往面临着各种潜在的安全隐患和质量问题。为及时发现和解决这些问题，保障交通运输安全和高效运行，无损检测技术应运而生。

本书旨在为读者提供关于路桥与铁路工程无损检测的全面理论知识和实践操作指导。本书涵盖了无损检测的基本原理、常用方法及其在路桥与铁路工程中的应用实例，旨在帮助读者全面了解无损检测技术，掌握实用的检测技能，提高工程质量管理水平，保障交通基础设施的安全可靠。

通过本书的学习，读者将深入了解超声波检测、X射线检测、红外线检测等无损检测方法的原理和应用，掌握各种检测设备的使用技巧，并能够灵活运用于路桥与铁路工程的实际检测工作中。同时，本书还介绍了在实际操作中的安全注意事项和质量控制要点，以确保检测结果的准确性和可靠性。

本书是笔者多年从事无损检测教学实训工作的经验总结和教学实践的结晶，编写过程中充分考虑了读者的实际需求和学习情况，力求简明扼要、通俗易懂。但鉴于无损检测技术的复杂性和专业性，本书仅作为读者入门学习的参考资料，为读者进一步深入学习和研究打好基础和提供指导。

全书共分8个项目，各项目系统介绍了无损检测的基础理论和方法以及无损检测技术的要求和应用。编写分工如下：绪论，检测与测试的基础，混凝土材料及结构，基桩、锚杆检测技术由张振编写;岩土材料由薛英枝编写;预应力结构由牟春龙编写;现场试验检测由焦洋、赵俭编写;现代信息技术由李唯编写。

最后,感谢读者选择本书,希望本书能够成为您学习和工作的有益伴侣,为您在无损检测领域的探索之路提供支持和帮助。

目录

Contents

项目1　绪论

学习目标

1. 知识目标

(1) 了解工程检测与测试的现实意义。
(2) 了解工程检测技术的发展历程。
(3) 了解工程结构的特点。

2. 能力目标

(1) 掌握工程检测的基础概念。
(2) 掌握工程检测技术的分类。

3. 思政目标

(1) 培养学生对无损检测工作的责任感。
(2) 熟悉工程检测的发展历程。
(3) 培养学生勤思考,多角度、多方位分析问题的能力,培养其精益求精的工匠精神。

1.1 工程检测与测试的意义及发展历程

1.1.1 工程检测的意义

铁路与公路作为基础交通设施，是国家经济发展和人民生活的重要支撑，承载着亿万人民的出行需求和物资运输任务。然而，随着城市化进程的加快、交通运输量的增加，公路与铁路的安全性和可靠性亟待提升。随着科技的不断发展，相关工程检测技术正成为保障交通安全的重要手段。工程检测通过对工程质量进行检测、分析，以判断工程质量是否符合现行有关技术标准的规定。可靠的工程检测数据能为工程的管理、养护等工作提供客观依据。检测工作作为工程质量评定验收及工程管理的重要环节，具有以下重要意义。

(1) 及时反馈新技术、新工艺和新材料的使用情况，评估其可行性、适用性、有效性和先进性，从而加快改进和推广速度。

(2) 随着时间的推移，在役工程结构和建筑物可能出现各种不同类型的结构损害。通过有针对性的工程检测，可以为结构的安全评估和加固提供重要依据。

(3) 确认当地产的材料(如建设地点的砂石、填料等)是否符合施工技术规定的要求，有利于降低工程成本。

(4) 有助于科学客观地评估施工质量的过程，并为工程竣工后的验收提供重要依据。

工程检测在降低造价、控制工程质量、推动施工技术进步、维护工程性能、保障工程安全等方面起到关键作用。因此，我国不仅建立了以国家、省、地市乃至区县级的质监体系，还建立了较为完善的分级检测体系。

随着对工程结构性能要求的提高，新材料、新施工技术、新施工工艺的应用也在不断增加，这对工程检测提出了新挑战。高性能混凝土、预应力张拉技术、智能灌浆技术等新施工技术，特别是隐蔽工程中的新施工技术，对现有检测手段提出更高要求，需要改进现有检测技术并结合多种检测方式获得客观、准确的检测数据。

另一方面，工程检测手段的丰富和技术提升对操作人员的技术水平提出更高要求。特别是现场检测工作，影响检测工作的因素众多，这就要求检测人员具有坚实的理论基础、丰富的实践经验、处理现场问题的能力和坚强的意志力。

1.1.2 检测与测试的概念

测量是根据一定规则，通过使用数据来描述所观察到的现象，从而对事物进行数量化描述；计量则是建立在单位统一和量值准确可靠的测量基础上的测量活动；试验是在已知某种事物的前提下，为了了解其性能或结果而进行的操作，包括对处于某种客观或人为环境下的研究对象或系统进行实验性质的探索过程，在此过程中依赖实验数据进行性能研究；测试则是指具有实验性质的测量过程，或是测量和试验的结合，依靠一定的科学技术手段来准确获取某种研究对象的原始信息。而检验与测试的结合，就称为检测。

工程检测与测试的基本原则包括明确测试目的、了解被测结构的特征，选择与规范要求匹配的抽检方案、数量和合适的检测方法。这些原则不仅确保了检测过程的科学性和准确性，而且为工程质量控制提供了重要的技术支持和保障。通过严格遵循这些原则，可以有效地发现和解决工程中存在的质量问题，提高工程质量水平，保障工程的安全性和可靠性。在工程检测和测试中，检测人员要具有良好的专业认知和技术水平，负有使命感和社会责任感。在工程检测和测试过程中，应该始终牢记社会责任，秉持诚信、专业、公正的态度，为保障工程质量、促进社会进步作出积极贡献。

1.1.3 工程无损检测技术的发展历程

早在20世纪30年代，人们就着手探讨工程结构无损检测技术。其主要探讨的内容之一就是针对混凝土结构的无损检测。1948年，第一台回弹仪在瑞士科学家施密特的主导下研制成功；1949年，超声脉冲被成功用于混凝土的检测；20世纪60年代，费格瓦洛提出用声速、回弹综合法来推算混凝土强度；20世纪80年代中期，美国的Mary Sansalone等运用弹性波（也称为机械波）反射法进行混凝土无损检测；20世纪90年代以来，国外在混凝土无损检测方面的研究工作方兴未艾，值得一提的是，随着社会进步与科技的发展，无损检测技术（如红外谱、脉冲回波、微波吸收、雷达扫描等）也取得了突破性的进展。常用的强度推定及内部缺陷检测被用于更广的领域，且其应用功能也由事后质量检测发展到事前的质量控制评估。

工程无损检测技术的发展历程可分为几个阶段。

第一阶段，无损探伤（non destructive inspect，NDI）：主要用于对结构内部的缺陷、损伤进行探测。

第二阶段，无损测试（non destructive test，NDT）：除对结构内部的缺陷、损伤进行探测外，还对材料的性质、构件的几何尺寸、位置等进行探测。

第三阶段，无损评估（non destructive evaluate，NDE）：在上述无损测试（NDT）的基础上，增加了对结构质量、安全、健康状态的评估等功能。

工程无损检测技术的发展速度快慢不定，但它始终具有较强的生命力。与钻孔取芯等破损检测技术相比，无损检测技术具有如下优点。

（1）对结构损伤小，不影响结构的耐久性、强度等。

（2）可以通过连续的定点检测，判断测试对象的劣化趋势和速度，达到对结构监测的目的。

（3）低成本、高效率，普遍性检测，从而提高了结构检测的代表性和检测覆盖率。

由于具有上述优点，无损检测技术的应用日益广阔。检测项目从混凝土结构强度、缺陷等发展到有效预应力、锚杆锚固质量、基桩健全性等，检测领域延伸至大坝、桥梁、隧道、公路、铁路、港口等几乎所有的工程领域。

1.2 工程检测技术概述

本书介绍的检测技术如下。

（1）岩土工程及材料检测技术。

（2）混凝土材料及结构检测技术。

（3）基桩、锚杆检测技术。

（4）预应力结构检测技术。

以上的检测技术采用了多种传播媒介，包括电磁波、弹性波、超声波等。其中，基于冲击、声响、振动、波动等作为测试和监测媒介的技术所占的比重较大。利用各种媒介对测试对象进行刺激，根据其内部或表面产生的波动现象（如反射、透过、衰减、振动等），可分为不同的测试技术及方法。此外，本书还对相关的信息技术，以及远程监测技术进行了介绍。

1.2.1 岩土工程及材料检测技术

岩土工程主要包括基础工程（如道路路基、铁路路基、建筑物基础等），隧道工程，土石坝、堤防等水利工程等。岩土材料一般包括岩石、土石等工程材料。岩土工程及材料具有如下特征。

(1) 天然性、多样性、复杂性等。

(2) 材料的力学特性受碾压情况、环境条件（如水分等）等影响大。

(3) 填土铺装工程一般可分为填方和挖方两大类，体积、面积往往很大。

岩土工程及材料在铺装的过程中常出现的问题则主要体现在如下几个方面。

(1) 变形问题：路基、地基中出现不均匀沉降。

(2) 强度问题：如因挖方工程中材料的强度不足造成的滑坡、隧道塌方等事故。

(3) 渗透问题：由于施工、雨季、地质、材料、施工缺陷等原因造成大渗透。

经过国内外学者的共同努力，现已形成了较完善的检测方法及相关室内外试验检测方法、仪器和标准，并积累了大量丰富的工程经验。本书的相关章节中将着重对材料力学特性的检测手段进行介绍。

1.2.2 混凝土材料及结构检测技术

混凝土是最重要的工程材料之一，其质量与整个工程的安全息息相关。一般情况下，混凝土的检测方法是在浇筑地点随机抽取材料，并制成试样进行试验，根据试验结果来评定混凝土质量。但是，这种方法不仅取样数量少，而且费工费时，特别是很难真实反映混凝土的即时状态和变化过程。无损检测技术刚好能够有效地弥补这一不足。

混凝土材料及结构具有如下特点。

(1) 结构形状多样：有块、柱、板以及异形结构。

(2) 被测结构尺寸范围变化很大：覆盖的厚度范围从最薄 0.1 m 的板结构到数百米的梁体、大坝等。

(3) 材质差异变化大：主要包括沥青砂浆混凝土、普通混凝土、高强混凝土，其强度差别可达数倍甚至更高。

(4) 检测作业面不同：检测作业面包括平行或垂直的两个检测作业面，而隧道、路面等工程仅有一个检测作业面，部分结构没有检测作业面。

混凝土材料和结构在服役过程中出现的主要问题如下。

(1) 混凝土的抗压强度、刚度不足。

(2) 由于振捣、配比、钢筋锈蚀等原因产生的内部缺陷。

(3) 由于施工等问题出现的尺寸不合要求。

(4) 因地基的不均匀沉降、应力分布不均、环境温度变化巨大、浇筑层间产生脱空等出现的各种裂缝。

(5) 结构中的钢筋直径、位置不符合要求以及钢筋锈蚀。

检测方法根据所用的媒介可以分为弹性波（包括冲击弹性波、超声波、AE）/诱导振动、电磁波/电磁诱导、红外线、放射线等。

针对上述混凝土结构的不同特点以及可能出现的不同病害，采用的测试方法也不尽相同。一般情况，采用电磁波/电磁诱导对钢筋信息进行检测，远红外线可以对缺少作业面且传播媒介为空气的检测对象进行检测。而在其他情况下，一般采用弹性波检测。

1.2.3 基桩、锚杆检测技术

基桩、锚杆检测的对象包括道路、桥梁、隧道、边坡等领域的一维杆件结构，主要有边坡、隧道、基坑等领域的锚杆或索等构件。该类构件具有如下特点。

(1) 均为细长杆状结构。

(2) 仅有一个端头露在外面。

这类结构出现的问题如下。

(1) 隐蔽部分的长度不足。

(2) 结构存在缺陷：对于基桩，存在断桩、夹泥层、缩径、扩径等情况；对于岩锚等，存在灌浆不密实、长度不足的问题。

上述结构特点决定了检测方法只能采用弹性波(有时也被称作声波)反射法，由于长度远大于直径或宽度，因而符合一维波动理论。对一维结构的长度和缺陷测试，一般采用基于弹性波的反射原理进行测试。另一方面，基桩与锚杆、锚索的结构特点、截面积不同，其检测方法也不尽相同。

1. 基桩检测技术

影响桩基工程质量的因素较多，包括岩土工程条件、桩土体系相互作用、施工以及专业技术水平等，加上桩的施工具有高隐蔽性，因此，基桩检测工作应贯穿整个桩基施工期间，只有通过提高基桩检测工作的质量和检测评定结果的可靠性，才能真正做到确保桩基工程质量。

基桩检测技术自20世纪70年代发展至今，逐渐形成了对不同的基桩检测的相应方法，如低应变、高应变以及跨孔声波等方法。其中，低应变检测方法由于具有测试方便、效率高等优点，得到了极其广泛的应用。

2. 锚杆、锚索长度及灌浆密实度检测技术

在隧道、边坡的工程建设中，大量用到锚杆、锚索，由于锚杆的隐蔽性强，保证其施工质量极其重要。但是，由于岩体的风化、地下水、岩体错动等诸多因素影响，锚杆、锚索不可避免地会出现各种老化、劣化现象(如预应力松弛等)。另一方面，由于锚索、锚杆具有高隐蔽性特点，如张力不足、灌浆不密实，当锚索、锚杆长度不够时，将造成边坡、隧道的稳定性降低，从而造成社会经济的重大损失。

锚杆、锚索的截面积比基桩桩径要小，长细比更大，因此激发的弹性波的频率高于基桩低应变检测所用的弹性波频率，使得其逸散、衰减更大，很难有效识别杆底反射信号。而对长度更长的锚索，则更难检测。

自20世纪50年代末开始，国内外开始研究检测锚杆锚固质量的检测方法，并取得了一定成果，特别是国内研究人员以三峡工程为契机，在国外技术和PIT技术的基础上研发了锚杆无损检测技术，并于2010年前后达到了实用化水平。

1.2.4 预应力结构检测技术

所谓预应力，即在结构受外力之前对结构人为预先施加反向应力，以减小或抵消外荷载

所引起的应力。在生活中，锯子、木桶等都是传统的预应力结构。在土木工程建设中，预应力混凝土结构非常普遍，其主要以张拉钢绞线的方法来施加预应力，达到推迟受拉区结构开裂的目的。预应力混凝土桥梁具有卓越的经济性和易维护性，使其占据了目前新建桥梁的90%以上。

预应力结构的特点如下。

(1) 结构复杂：增加了预应力体系(包括锚具、钢绞线、孔道等)。

(2) 材料受力较大：由于预应力结构具有跨度大、截面小等特点，材料所承受的应力相对较大。

(3) 对结构承载力有直接的影响。

预应力结构易出现的问题如下。

(1) 预应力张拉控制不严，出现欠张或超张的情况。

(2) 因钢绞线疲劳松弛、锈蚀等情况导致预应力降低。

(3) 预应力结构的破坏具有突然性和脆性的特点。

1.2.5 现代信息技术

现代信息技术是计算机技术和电信技术的结合而形成的手段，是对声音的、图像的、文字的、数字的和各种传感信号的信息进行获取、加工、处理、储存、传播和使用的技术。现代信息技术的核心是信息学。现代信息技术包括 ERP、GPS、RFID 等。现代信息技术是一个内容十分广泛的技术群，包括微电子技术、光电子技术、通信技术、网络技术、感测技术、控制技术、显示技术等，以及以这些技术为基础的升级版现代信息技术，如数据库技术、物联网技术、BIM 技术。

数据库技术是现代信息科学与技术的重要组成部分，是计算机数据处理与信息管理系统的核心。数据库技术解决了计算机信息处理过程中大量数据有效组织和存储的问题，并能减少数据存储冗余、实现数据共享、保障数据安全以及高效检索数据和处理数据。

数据库技术是通过研究数据库的结构、存储、设计、管理以及应用的基本理论和实现方法，并利用这些理论实现对数据库中的数据进行处理、分析和理解的技术。

物联网，顾名思义，就是物物相连的互联网。这里有两层含义：第一，物联网的核心和基础仍然是互联网，是在互联网基础上的延伸和扩展的网络；第二，其用户端延伸和扩展到了任何物品与物品之间，进行信息交换和通信。物联网通过智能感知、识别技术与普适计算、泛在网络的融合应用，被称为继计算机、互联网之后世界信息产业发展的第三次浪潮。物联网是互联网的应用拓展，与其说物联网是网络，不如说物联网是业务和应用。

BIM(building information modeling)即建筑信息模型，早先是采用塑料、木料等材料做成的实体模型，可以让人对建筑物有一个感性认识。近年来，随着计算机技术的飞速发展，特别是以 3ds MAX 为代表的可视化技术的诞生与发展，使其成为 BIM 技术的核心和基石。BIM 技术是以建筑工程项目的各项相关信息数据作为模型的基础，进行建筑模型的建立，通过数字信息仿真模拟建筑物所具有的真实信息。BIM 具有可视化、协调性、模拟性、优化性和可出图性等五大特点。同时，BIM 与 CAD 融为一体的管理模式正成为工程信息化管理的发展方向。

1.2.6　远程监测

远程监测结合传感、数据通信等手段，对施工现场对象的状态进行实时监测。适合远程监测的对象较为广泛，在工程领域主要有岩土工程远程监测（包括边坡失稳、沉降）、结构健康远程监测（如桥梁远程监测）。

其中代表性较强的是桥梁远程监测，通过对桥梁结构状况进行监控与评估，为桥梁的维护、维修和管理决策提供可靠的依据。

近年来，通信网络、信号处理、人工智能等技术不断深入发展，加速了桥梁监测系统的实用化进程。业界纷纷着手研究和开发各种长期监测的方法或技术，这些技术具有灵活、高效、廉价，且不影响桥梁结构正常使用的特点。桥梁健康监测系统的部署和应用具有重要的现实意义和研究价值，在推动和发展智能化、数字化以及信息化桥梁工程中起到了重要作用。

1.3　本课程的学习

无损检测是一门实践性非常强的学科，为了更好地学习、掌握相关知识，应当注重以下几个方面。

（1）正确认识各种检测方法的优缺点。

无损检测技术作为工程质量安全的重要手段，在工程质量管理中具有重要地位。虽然新时代下无损检测技术得到了迅速发展，其优点得到了广泛认可，但在实际应用中也存在一定局限性。例如，检测结果的直观性、精度相对较差以及部分方法依赖于检测人员经验判断等。如果选择的方法不当，可能导致错误的检测结果，进而影响工程养护决策，并造成一定的社会经济损失。因此，对待无损检测技术，需要正确认识各种方法的优缺点，客观评估检测结果，避免盲目否定或过分依赖。

（2）加强理论联系实践。

本书涉及的无损检测方法具有相应的理论体系，了解其发展背景、基本原理对于掌握和应用该技术至关重要。同时，除理论知识外，利用相关设备进行现场检测、数据分析等也是必不可少的。在实践中，需要考虑结构特征、测试条件及环境等因素，选择合适的测试方法，确保测试结果的可靠性。

（3）辩证思维与发展眼光。

在学习过程中，应善用辩证思维，以发展的眼光看待问题。不同的检测方法都有其特点和适用范围，没有绝对完美的方法。同时，随着科技的进步，土木工程检测与测试领域的技术也在不断发展。因此，在学习中应持开放态度，不断学习新知识，不断提高自身素养，以适应社会发展的需要。

项目 2 检测与测试的基础

学习目标

1. 知识目标

(1) 了解常用的无损检测方法及其技术原理、技术特点。

(2) 了解信号采集、分析和数字成像技术。

2. 能力目标

(1) 掌握超声波和弹性波的技术特点和区别。

(2) 掌握以振动、波动为核心的基本理论。

(3) 掌握提高信噪比的主要手段及弹性波数字成像的技术原理。

3. 思政目标

(1) 认识到技术的正确应用对于保障工程安全和社会利益的重要性。

(2) 培养学生对科技发展趋势的了解和洞察力,引导他们认识无损检测技术的不断创新对工程领域的推动作用。

(3) 强调学生在学习和应用无损检测技术时要坚持科学精神和工匠精神,注重技术的精益求精和创新性。

2.1　常见无损检测方法简介

2.1.1　超声波、弹性波检测方法

超声波、弹性波都是机械波，有波速、频率、波长等参数，在界面会发生反射、折射、衍射等现象，频率在 20 Hz～20 kHz 的声波(弹性波)能够被人们耳朵所感知，频率低于或超过上述范围时人们无法听到声音，频率低于 20 Hz 的声波称为次声波，频率超过 20 kHz 的声波称为超声波。

1. 超声波简介

超声波为频率超过 20 kHz 的声波，无损检测用的超声波频率范围为 0.2～25 MHz；其中检测金属结构最常用的频率是 1～5 MHz；检测水泥构件常用的频率是小于 0.5 MHz，如 100 kHz、200 kHz；探测玻璃陶瓷中微米级小缺陷用的频率是 100～200 MHz，甚至更高。

超声波是通过使用具有压电或磁致伸缩效应的材料产生的，超声波进入被检工件的方式分为如下三种。

(1) 接触法：超声波探头通过薄层的液体或流体耦合介质直接与被检工件的探测面接触。

(2) 液浸法：主要是指采用水作为耦合介质，俗称水浸法。超声波探头发出的超声波经过一定厚度的水层再进入被检工件，超声波探头不与被检工件接触。按照作为耦合介质的水的施加方式不同，水浸法还分为全浸没法、局部水浸法、溢水法、喷水柱法、水层或水间隙法等。接触法和水浸法是超声波检测中最主要应用的两种耦合方式，此外还有地毯法、滚轮法等多种特殊的耦合方式。

(3) 空气耦合法：目前主要应用于飞机复合材料的低频超声波检测。

超声波可检测复合板材的内部缺陷，焊缝、管材内倾斜取向的缺陷，工件的表面缺陷以及利用超声波在混凝土中传播的时间(或速度)、接收波的振幅和频率等声学参数的相对变化来判定混凝土的缺陷等。

2. 弹性波简介

弹性波为在固体介质中传播的微小的粒子扰动波，频率一般在数百至 50 kHz 左右。弹性波的产生一般有两种方法：外力击打产生和由物体内部破损产生。利用冲击锤打击或钢球落下是最常见的激振方式，也被称为“冲击弹性波”。弹性波检测主要测试对象为岩土体或混凝土结构物等大型结构体以及金属杆件等。严格地讲，前述的超声波也应属于弹性波的范畴，但信号激发和接收有所不同。

利用弹性波的传播特性，可检测混凝土结构的材质、尺寸，以及内部及表层缺陷等梁体预应力孔道灌浆密实度、锚索(杆)的长度及灌浆密实度等，常用的方法有单面反射法、单面传播法、双面透射法等。

利用弹性波的振动特性，可测试结构物的表层脱空、锚下有效预应力以及自由锚索(杆)的张力等，常用的方法有振动法、等效质量法、频率法。

3. 超声波与弹性波的区别

由于激振以及受信结构上存在差异，超声波与弹性波在检测上存在一定的区别，主要体

现在如下几个方面。

(1) 能量:弹性波的能量远远大于超声波。

(2) 激振信号的频率特性和波长:超声波波长短,一般是几厘米,而用锤击激振产生的弹性波波长为几十厘米甚至更长。因此,超声波的分辨率高,对细微的缺陷比较敏感,但衰减快,测试范围受到限制。

(3) 受信信号的频率特性:超声波的探头在保持高灵敏度的同时,其频率响应特性一般较差,频率分析和振幅分析都比较困难。而冲击弹性波测试一般采用加速度传感器,传感器在各种固定方式下,其频响曲线都有较长的平坦部分,有利于频谱分析和能量分析。

2.1.2 X射线检测方法

射线检测是常用无损检测技术之一,其利用射线穿透物质和在物质中的衰减特性来对物质的质量、尺寸及特性等作出判断。

该方法可以检测金属和非金属材料及其制品的内部缺陷,如焊缝中的夹渣、气孔及未焊透等体积性缺陷。其主要特点为检验结果直观、准确、可靠,且得到的射线底片可长期保存。但X射线检测技术存在着设备复杂、使用成本高、检测过程中需要进行防护等缺点。

射线在物质中的衰减是按照射线强度的衰减呈负指数规律变化的,以强度为 I_0 的一束平行射线束穿过厚度为 δ 的物质为例,穿过物质后的射线强度见式(2-1)。

$$I = I_0 e^{-\mu\delta} \tag{2-1}$$

式中,I ——射线透过厚度 δ 的物质的射线强度;

I_0 ——射线的初始强度;

e ——自然对数的底;

δ ——透过物质的厚度;

μ ——衰减系数。

各类X射线检测方法的原理和特点,如表2-1所示。

表2-1 各类X射线检测方法的检测原理和特点

方法	检测原理	特点
照相法	将感光材料置于被检测试件后面,来接收透过试件的不同强度的射线。根据影像的形状和黑度情况评定材料中有无缺陷及缺陷的形状、大小和位置	灵敏度高、直观可靠,而且重复性好
电离检测法	当射线通过气体时,与气体分子撞击,产生电离。电离效应会产生电流,其大小与射线强度有关,根据电流大小便可判断试件的完整性	自动化程度高,成本低,但对缺陷性质的判别较困难,只适用于形状简单、表面平整的工件
荧光屏直接观察法	将透过试件的射线投射到涂有荧光物质(如 ZnS/CaS)的荧光屏上时,荧光屏会发出不同强度的荧光,利用荧光屏上的可见影像直接辨认缺陷	成本低、效率高、可连续检测,适用于形状简单、要求不严格产品的检测
电视观察法	电视观察法是荧光屏直接观察法的发展,实际上就是将荧光屏上的可见影像通过光电倍增管增强,再通过电视设备进行显示	自动化程度高,但灵敏度较低,对形状复杂的零件检查也比较困难

2.1.3 电磁波(微波)检测方法

电磁波无损检测是利用材料在电磁场的作用下,出现的电学或磁学特性变化,来判断材料内部情况及有关性能的检测方法,电磁波主要包括微波检测、磁粉检测、涡流检测和漏磁检测等多种检测技术。各类微波检测方法的物理现象和用途如表 2-2 所示。

表 2-2 各类微波检测方法的物理现象和用途

方法	物理现象	用途
穿透法	在材料内传输的微波,依照材料内部状态和介质特性不同而相应发生透射、散射和部分反射等变化	厚度、密度、湿度、介电常数、固化度、热老化度、化学成分、混合物含量、纤维含量、气孔含量、夹杂以及聚合、氧化、酯化、蒸馏、硫分的测量
反射法	由材料表面和内部反射的微波,其幅度、相位或频率随表面或内部状态(介质特性)而相应变化	检测各类玻璃钢材料,宇航防热用铝基厚聚氨酯泡沫,胶接工件等的裂纹、脱粘、分层、气孔、夹杂、疏松;测定金属板材、带材表面的裂纹、划痕深度;测厚,测位移、距离、方位以及测湿度、密度、混合物含量
散射法	贯穿材料的微波随材料内部散射中心(气孔、夹杂、空洞)而随机地发生散射	检测气孔、夹杂、空洞、裂纹
干涉法	两个或两个以上微波波束同时以相同或相反方向传播,彼此产生干涉,监视驻波相位或幅度变化,或建立微波全息图像	检测不连续性缺陷(如分层、脱粘、裂缝),图像显示
涡流法	利用入射极化波、微波电桥或模式转换系统,测定散射、相位信号,探知裂缝	检测金属表面裂缝,其深度取决于频率和传播微波的模式
层析法	利用透射材料的微波在介质内部的衰减、反射、衍射、色散、相速等物理特性的改变,测定多个方向的投影值,并将它与核函数卷积,再进行反投影,用计算机重建图像	检查非金属材料及其复合结构件断层剖面质量和加速器粒子束或等离子体的状态,用于射电天文、电磁探矿和地层分布测绘等。反映物体内不同部位的大小、形态、成分及其变化过程

微波(雷达波)是电磁辐射的一种,其电磁频谱所占频带为 300 MHz～300 GHz,波长为 1～1000 mm,属超高频及其以上的无线电波。微波无损检测技术是以微波电子学、物理学、微波测量技术和计算机技术为基础的一门微波技术应用学科,以微波为信息载体对各种适合其检测的材料和构件进行无损检测和材质评定。

2.1.4 红外线检测方法

1672 年英国科学家牛顿首次使用三棱镜将太阳光分解成红、橙、黄、绿、青、蓝、紫七色,开始了可见光光谱学的研究；英国天文学家赫胥尔在研究单色光的热效应时，发现最大的热效应出现在红色光谱以外，从而发现了红外线的存在；英国物理学家麦克斯韦在研究电磁理论时，证实了可见光及看不见的红外线、紫外线等均属于电磁波段的一部分，从而把人们的认知带进了电磁波理论中。

根据红外辐射与物质作用时各波长的响应特性和在大气中传输吸收特性，把红外线按波长划分为如下四种。

(1) 近红外线：波长为 0.76～3 μm；

(2) 中红外线：波长为 3～6 μm；

(3) 远红外线：波长为 6～15 μm；

(4) 超远红外线：波长为 15～1000 μm。

目前，600 ℃以上的高温红外线测温仪表面热成像系统多利用近红外线波段。600 ℃以下的中、低温红外线测温仪表面热成像系统多利用中、远红外线波段，而红外线加热装置则主要利用远红外线波段。超远红外线的利用尚在开发研究中。

红外线检测属于无损检测的范畴，红外线检测是利用红外线辐射原理对设备或材料及其他物体的表面进行检测和测量的专门技术，也是采集物体表面温度信息的一种手段。发展到现在，红外线检测技术早已不再局限于无损检测，而成为红外线诊断技术的组成部分，红外线检测是红外线诊断技术的基础。

红外线检测的基本原理：当一个物体本身的稳定和周围环境温度存在温差时，不论物体的温度高于还是低于环境温度，也不论物体的温度是来自外部注入还是其内部自己产生，都会在物体内形成热量的流动。热流在物体内扩散和传递的路径中，将会由于材料或设备的热物理性质不同，或受阻堆积，或通畅无阻传递，最终会在物体表面形成相应的"热区"和"冷区"，这种由里及表出现的温差现象为红外线检测的基本原理。

相较其他的无损检测方法，红外线检测具有以下优势。

(1) 非接触性：红外线检测的实施不需要接触被测目标，被测物可移动也可保持静止，同时对被测物所处环境也无要求。

(2) 安全性极强：检测过程对检测人员和设备材料不会构成任何伤害。

(3) 检测准确：红外线检测能检测出 0.01 ℃的温差以及能在数毫米大小的目标上检测出其温度场的分布，温度和空间分辨率非常高，检测结果准确可靠。

(4) 检测效率高：红外线探测系统的响应时间以微秒或毫秒计，扫描一个物体只需数秒或数分钟即可完成，检测速度快。

除上述的优点以外，目前，红外线检测也存在下列待解决的问题。

(1) 温度值确定存在困难：红外线检测技术可以检测到设备或结构热状态的微小差异及变化，但很难精确确定被测对象上某一点确切的温度值。

(2) 物体内部状况难以确定：红外线检测直接测量的是被测物体表面的红外辐射，主要反映的也是表面的状况，对内部状况不能直接测量，需要经过一定的分析判断过程。

(3) 价格昂贵：红外线检测相对其他仪器和常规检测设备，价格较贵。

2.1.5 其他检测方法

其他常见的无损检测还有磁粉检测、渗透检测等，它们都有自身的特点和局限性，下面作简要介绍。

1. 磁粉检测

磁粉检测的原理是当材料或工件被磁化后，若工件表面或近表面存在裂纹、冷隔等缺陷，便会在该处形成漏磁场。此漏磁场将吸引、聚集检测过程中施加的磁粉，而形成缺陷。缺陷漏磁场的产生如图 2-1 所示。

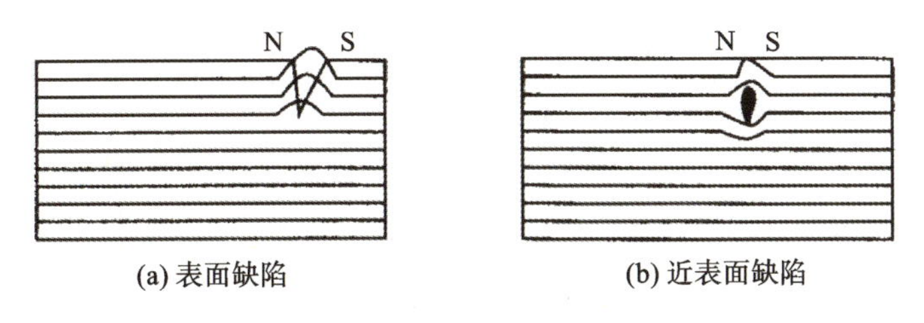

图 2-1　缺陷漏磁场的产生

磁粉检测因检测手段的特殊性，所以其适宜铁磁材料检测，不能用于非铁磁材料检测；随着缺陷的埋深增加，检测灵敏度极速下降，因此可以检出表面和近表面缺陷，而不能用于检查内部缺陷；检测灵敏度很高，可以发现极细小的裂纹以及其他缺陷；检测成本低，速度快。

2. 渗透检测

渗透检测的原理是用黄绿色的荧光渗透液或红色的着色渗透液渗入表面开口的缝隙中，经过渗透清洗、显示处理后，显示放大了的探伤痕迹，再用目视法来观察，对缺陷的性质和尺寸作出适当的评价。渗透检测不受材料磁性的限制，比磁粉检测应用更广。渗透检测示意如图 2-2 所示。

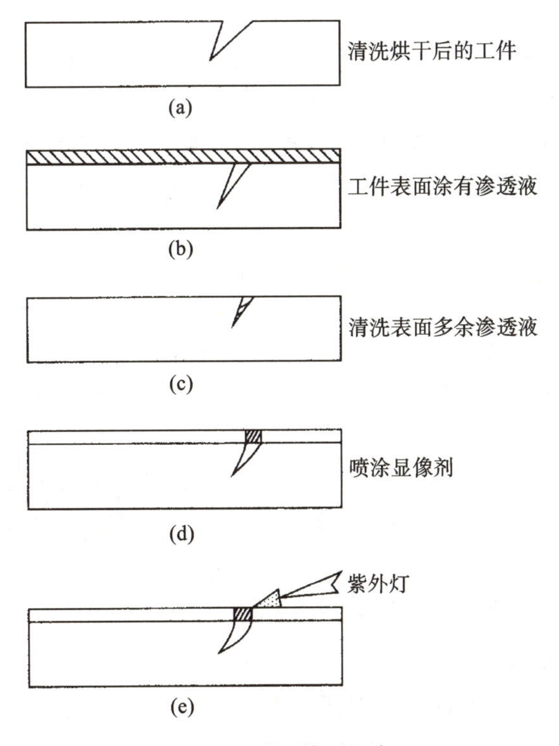

图 2-2　渗透检测示意

渗透检测除可检测疏松多孔性材料外，其他任何种类的材料均适用，但其受被测试件表面光洁度影响较大；形状复杂且同时存在多个面缺陷的试件也可采用渗透检测，一次操作即可基本做到全面检测；渗透检测可以检出表面开口缺陷，但对埋藏缺陷或闭合型表面缺陷无法检出，检测工序多，速度慢，材料较贵，成本较高。

2.2 无损检测基本理论

2.2.1 振动的基本参数及其在无损检测中的应用

振动（又称振荡）是一个状态改变的过程，即物体沿直线或曲线在平衡位置做往复运动，振动轨迹为直线时最简单，为空间曲线时最复杂。

简谐运动是最基本也是最简单的机械振动。当某物体进行简谐运动时，物体所受的力跟位移成正比，并且总是指向平衡位置。它是一种由自身系统性质决定的周期性运动（如单摆运动和弹簧振子运动）。

1. 振动的基本参数

振动的基本参数如下。

（1）振幅：指振动的物理量可能达到的最大值，通常用 A 表示（见图 2-3）。它是表示振动的范围和强度的物理量。

在机械振动中，振幅是物体振动时离开平衡位置最大位移的绝对值，振幅在数值上等于最大位移的大小。振幅是标量，单位用米或厘米表示。振幅描述了物体振动幅度的大小和振动的强弱。

简谐振动的振幅是不变的，它是由简谐振动的初始条件（初位移和初速度）决定的常数。简谐振动的能量与振幅的平方成正比。因此，振幅的平方可作为简谐振动强度的标志。强迫振动的稳定阶段振幅也是一个常数，阻尼振动的振幅是逐渐减小的。

（2）周期：粒子在往复运动过程中，其第一次开始至结束的时间就称为一个周期，一般用符号 T 表示，单位为秒(s)。

在各种周期运动或周期变化中，物体或物理量从任一状态开始发生变化，经过一个周期或周期的整数倍时间后，总是恢复到开始的状态。

（3）频率：单位时间内完成周期性变化的次数，是描述周期运动频繁程度的量，常用符号 f 表示，当某物体的振动周期为 T 时，其频率 $f=1/T$，为每秒钟的振动次数，单位为次/秒(Hz)。

（4）圆频率：又称角频率，是指 2π 秒内振动的次数，为描述振动快慢的物理量，记作 ω，单位为弧度/秒(rad/s)。圆频率和频率的关系为 $\omega=2\pi f$，周期、频率以及圆频率的关系为 $T=1/f=2\pi/\omega$。

（5）初相角：描述振动在起始瞬间的状态，记作 φ。

2. 简谐振动的计算式

简谐振动的位移计算公式如式(2-2)所示。

$$x=A\sin(\omega t+\varphi) \tag{2-2}$$

式中，ω——角频率，$\omega=2\pi f$；

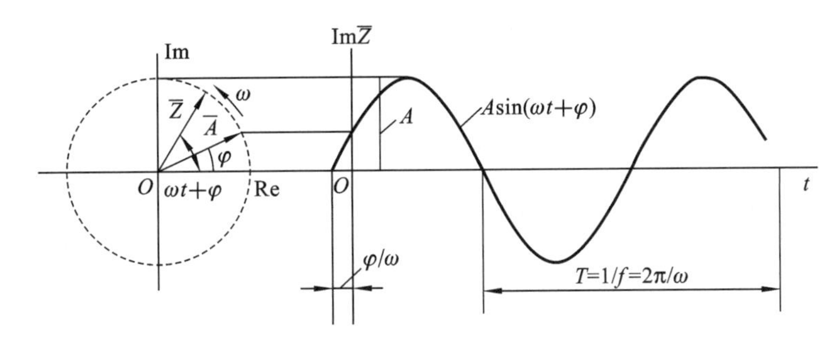

图 2-3　简谐振动曲线

A——振幅；

φ——初相角。

振动过程中速度是位移对时间的变化率，即对时间求一次导数，所以振动过程也可用速度表示，当初相角 $\varphi=0$ 时可得：

$$v=\frac{\mathrm{d}x}{\mathrm{d}t}=\omega A\cos(\omega t)=\omega A\sin\left(\omega t+\frac{\pi}{2}\right) \tag{2-3}$$

加速度是速度对时间的变化率，即位移对时间求二次导数。

$$a=\frac{\mathrm{d}v}{\mathrm{d}t}=\frac{\mathrm{d}^2x}{\mathrm{d}t^2}=-\omega^2A\sin(\omega t)=\omega^2A\sin(\omega t+\pi) \tag{2-4}$$

通过上面三式可以得知，位移、速度、加速度都是同频率的简谐波，加速度领先速度 90°，速度领先位移 90°，三者的幅值依次为 A、ωA、ω^2A（见图 2-4），当 ω 较大时，加速度的幅值最大，速度次之，位移最小，所以利用加速度幅值更有利于高频信号的检出。

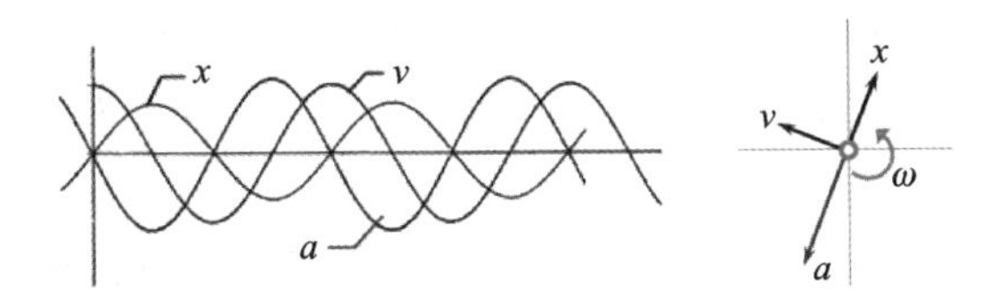

图 2-4　简谐振动位移、速度、加速度之间的关系

现实生活中永动机是不存在的，任何的振动系统都将受到摩擦和介质阻力或其他能耗的影响而使振幅随时间逐渐衰减，这种有阻尼存在的振动称为阻尼振动。

阻尼存在时的振动位移计算见式(2-5)。

$$x=A\mathrm{e}^{-\delta t}\sin(\omega t+\varphi) \tag{2-5}$$

其中，$\mathrm{e}^{-\delta t}$ 反映了阻尼对振幅的影响(见图 2-5)。

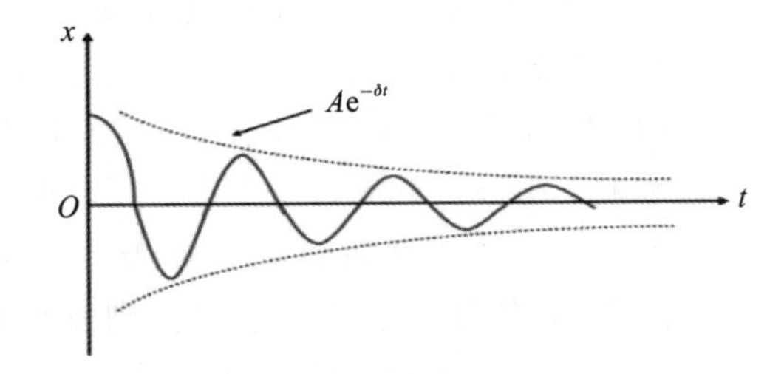

图 2-5　阻尼振动示意

无损检测中大都需要依靠相应的介质进行测试，如电磁波、弹性波等，而这些媒介大多

是具有振动性的，通过接收装置拾取被测物体的振动特性，可用于判断测试物是否存在缺陷。

2.2.2 波动的基本要素及其在无损检测中的应用

波动与振动有着密切的关系，振动是单个粒子的往复运动，而波动则是全体粒子的合成运动。当振源激振产生扰动后，主要以波动的形式传播，而在波动范围内的各粒子都会产生振动，即振动是粒子运动的微观现象，波动是粒子运动的宏观现象。振动与波动示意如图2-6所示。

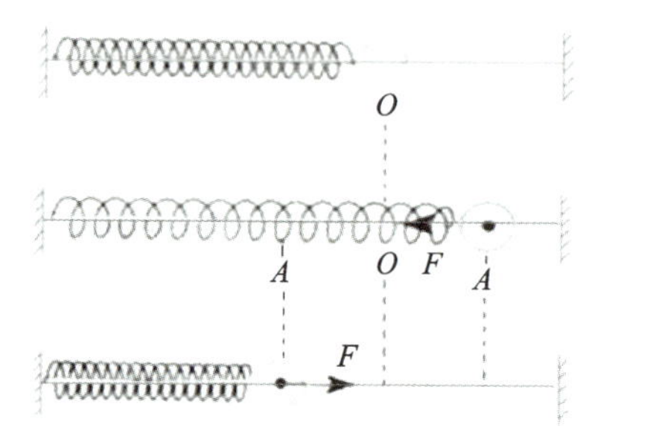

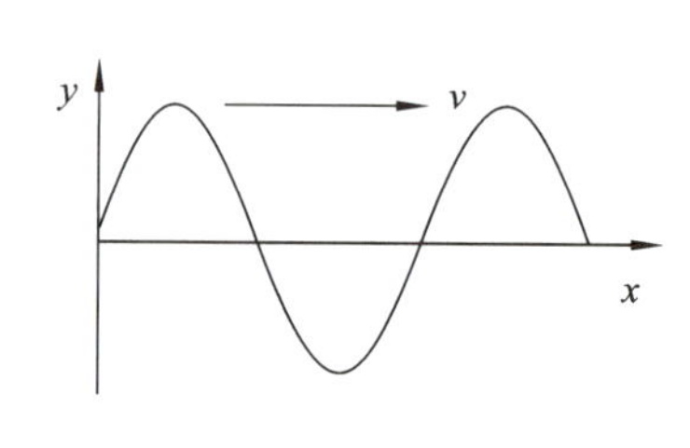

图 2-6 振动与波动示意

1. 波动的基本要素

波动的基本要素有以下几点。

波长：指波在一个振动周期内传播的距离，一般用 λ 表示。也就是沿着波的传播方向，相邻两个振动相位相差 2π 的点之间的距离。

波速：单位时间内波形传播的距离，通常用 V 表示，单位是 m/s。

周期：波前进一个波长的距离所需要的时间，用 T 表示，单位为 s，周期的倒数即为频率，一般用 f 表示，单位为 Hz。

相位：描述波变化的度量，通常以度（角度）作为单位。波动的基本要素如图 2-7 所示。

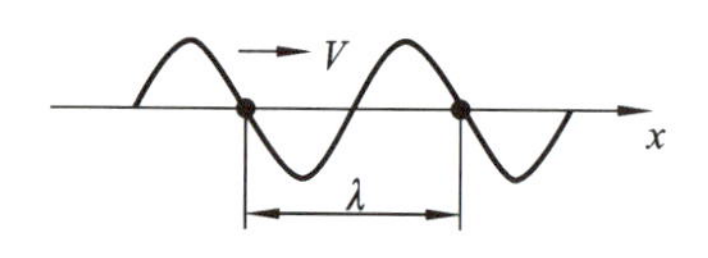

图 2-7 波动的基本要素

2. 弹性波分类

弹性波（包括超声波）是工程检测中常用的测试媒介，根据其波动的传播方向与粒子的振动方向的关系，可以将其分为 P 波和 S 波。

P 波（疏密波，又叫纵波）：粒子运动方向与波的传播方向平行。

S 波（又叫横波）：粒子运动方向与波的传播方向垂直（当粒子的运动方向与结构物表面平行时，称为 SH 波；当粒子的运动方向与结构物表面垂直时，称为 SV 波）。

通常，P 波和 S 波在结构物内部传播，也叫体波。同时传播的位置位于边界面附近，因此结构边界对体波具有约束作用，故而产生面波（R 波、Love 波）、板波（Lame 波等）。

（1）R 波（Rayleigh 波、瑞利波）：由 P 波和 SV 波合成，是具有代表性的面波，主要能量集中在结构表面以下 1 个波长深度内。由于其能量大，故而传播距离相对较远。

（2）Love（洛夫）波：当上层结构松软且下层材料坚硬时，则由 SH 波合成产生。

（3）Lame 波：无限长宽的板状介质受到扰动时，由上下两面反射的波合成产生。

P 波和 S 波如图 2-8 所示。

是否形成板波与波长和边界条件有关，当波长范围内只有一个自由面时，则产生面波

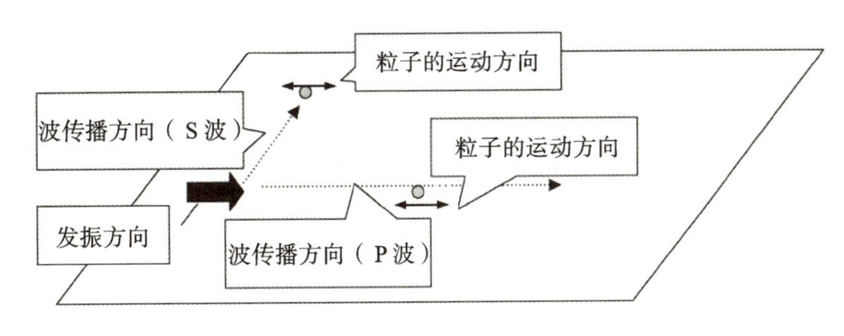

图 2-8　P 波和 S 波

（通常是瑞利波）。当波长范围内有两个平行表面时，则产生板波。面波（瑞利波）如图 2-9 所示，板波（Lame 波）如图 2-10 所示。

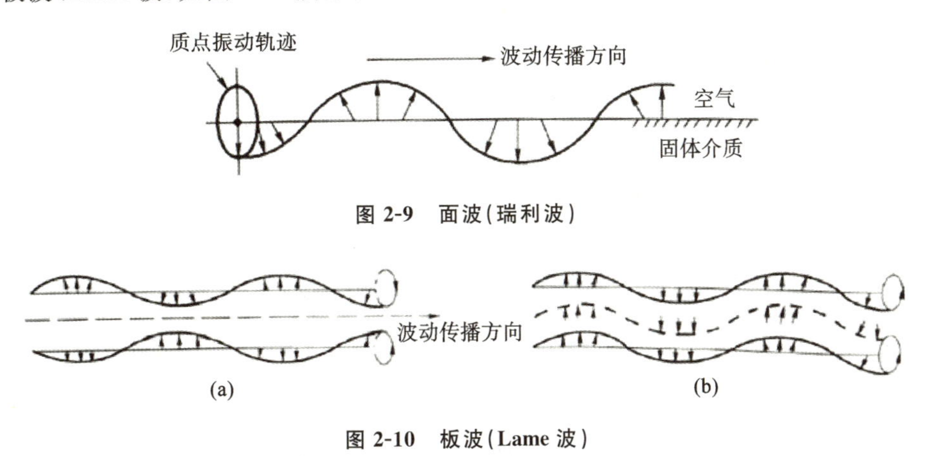

图 2-9　面波（瑞利波）

图 2-10　板波（Lame 波）

形成瑞利波和板波时，其介质质点均会产生相应的纵向和横向振动。两种振动的合成，使质点做椭圆轨迹的振动并传播。而板波与瑞利波的不同之处如下。

（1）当传播中的板波受到两个对称界面的约束时，将会形成对称型（S 型）和非对称型（A 型）板波。对称型板波在传播中，波的振动关于板的中心面对称，即板的上下表面波动的相位相反，中心面的波动与纵波类似。非对称型板波在传播中，上下表面波动的相位是相同的，板的中心面波动方式类似于横波。瑞利波则仅有一个模态。

（2）板波具有频散特性，即板波相速度随着频率的变化而变化。而瑞利波不具有频散特性，即在均质弹性体中，不同波长的瑞利波的波速是相同的。

2.2.3　频谱分析基础

很多无损检测需要结合多种波的信息进行分析，如振幅、波速、频谱等，其中频谱是较为重要的一个参数。

一个波动信号往往可以分解为不同频率、不同振幅和相位的成分波。这些成分波可以是正弦波，其中频率最低的称为信号的基波，其余的称为信号的谐波。基波有且只有一个，谐波可以有很多个，谐波的大小也可互不相同。以谐波的频率为 x 轴、幅值（大小）为 y 轴绘制的系列条形图称为频谱。

频谱分析是将时域信号变换至频域信号加以分析的方法。频谱分析的目的就是把复杂的合成波，经过分解变为单一的谐波分量来进行研究，以获得信号的频率结构以及各谐波和相位信息。

通过图2-11可以较清楚看出，在时域方向上多个波形叠加合成的波，在频域被分解成简单而独立的正弦或余弦波，这些正弦或余弦波的振幅和频率都不尽相同，所以在频域的波都是分开的。频率最低的波为基波，其他波为谐波，这样在时域不利于分析的波形在频域就显得非常简单。

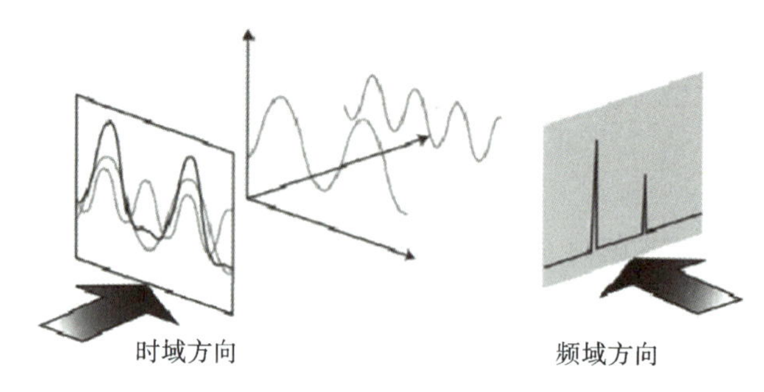

图2-11 时域和频域关系示意

现如今频谱分析的方法有很多，目前最常用的方法是快速傅里叶变换（fast fourier transform，FFT）。近几年，最大熵法（maximum entropy method，MEM）、小波变换（wavelet transform）也得到了较快的发展。

2.3 信号采集

2.3.1 信号采集设备的构成和性能

信号采集设备主要由传感器、信号调理模块、A/D转换模块构成。

1. 传感器

传感器是一种能接收被测信息，并能将其按一定规律变换成为电信号或其他所需形式的信息输出，以满足信息的传输、处理、存储、显示、记录和控制等要求的检测装置。

1）传感器的分类

传感器可按被测物理量分类，也可按传感器的工作原理分类。

按传感器的工作原理分类，传感器可分为振动传感器、湿敏传感器、磁敏传感器、电容式传感器、压电式传感器、电荷传感器、电学式传感器、谐振式传感器、热电式传感器等。

按被测物理量分类，传感器可以分为温度、压力、流量、物位、加速度、速度、位移、转速、力矩、湿度、黏度、浓度等传感器。

各式各样的传感器如图2-12所示。

2）传感器的性能

使用数学模型研究传感器的输出-输入特性时，应将检测静态量和动态量时的特性分开考虑。

传感器的静态特性主要参数有：线性度、迟滞误差、重复性误差、灵敏度、分辨率、稳定性、漂移等。

（1）线性度。

表征传感器输入输出的实际静态标定（校准）曲线与所选参考（拟合）直线（作为工作直线）之间的偏离程度。所选参考直线不同，计算出的线性度数值不同。常用拟合方法如表2-3所示。

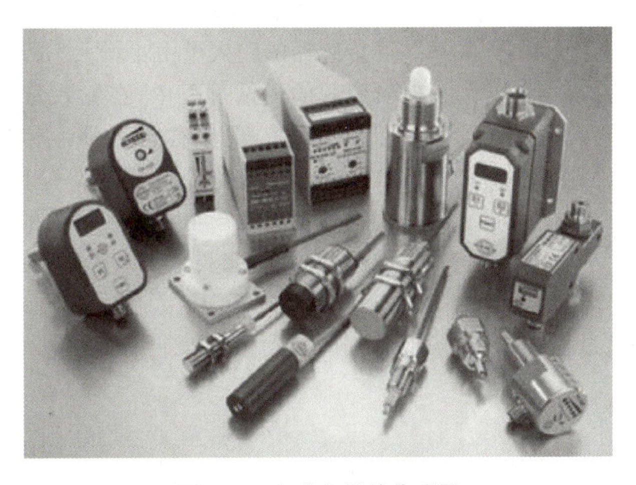

图 2-12　各式各样的传感器

表 2-3　常用拟合方法

拟合方法	说明	示意图	特点
理论线性度	按系统的理论特性确定，与实测值无关	理论特性；实际特性；$\|\Delta L\|_{max}$	简单方便，但通常估算值偏大
端基线性度	以校准数据的零点输出平均值和满量程输出平均值连成的直线为参考直线所得的线性度	拟合直线；$\|\Delta L\|_{max}$	简单，但估计值偏大，零点不为零
最小二乘线性度	按最小二乘法原理拟合直线，使该直线与传感器或系统的校准数据的残差平方和最小	最小二乘拟合直线；$\|\Delta L\|_{max}$	拟合精度高，在数据较多的情况下可由计算机处理
最佳直线线性度	以所谓“最佳直线”作拟合直线，以保证传感器正反行程校准曲线对该直线的正负偏差相等并且最小	拟合直线；$+\Delta L_{max}$；$-\Delta L_{max}$	拟合精度最高

注：ΔL 指迟滞误差；横坐标轴为输入量，纵坐标轴为输出量。

（2）迟滞误差 ΔL。

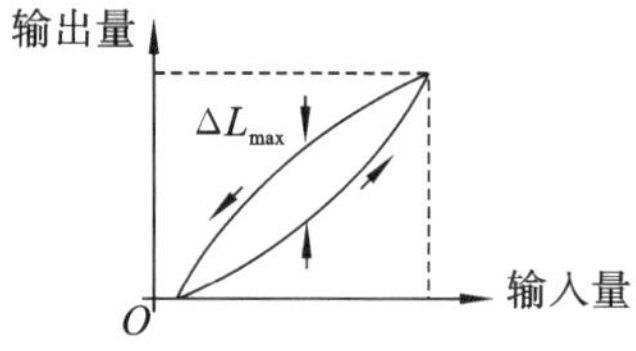

传感器的输入量由小增大（正行程），然后由大到小（反行程）的测试过程中，在输入量相同的情况下，输出量存在差别的现象称为迟滞。传感器迟滞误差如图2-13所示。

这种现象的产生可由装置内的弹性、磁性元件以及机械部分的摩擦、灰尘积塞等原因引起。

图 2-13 传感器迟滞误差

（3）重复性误差。

在多次重复测试过程中，测试条件为同时正行程或反行程，在输入量相同的情况下，对应的输出量不同。

（4）灵敏度。

灵敏度为输出量的增量与被测输入量的增量的比值，见式（2-6）。

$$K = \frac{\Delta y}{\Delta x} \tag{2-6}$$

线性系统中，K 为常数，Δx、Δy 分别指输入量增量和输出量增量，而非线性系统中 K 用 $\mathrm{d}y/\mathrm{d}x$ 表示。灵敏度并不是越高越好，灵敏度越高，测量范围越窄，系统稳定性越差。

（5）分辨率。

分辨率是传感器在测量范围内所能检测出输入量的最小变化量，有时用该值相对满量程输入值的百分比表示。

（6）稳定性。

稳定性又称长期稳定性，即传感器在一段时间内能保持其性能的能力。一般以一定室温条件下经过一个规定的时间间隔后，传感器当时的输出量与标定时的输出量的差异来表示，有时也用标定的有效期来表示。

（7）漂移。

在一定时间间隔内，传感器输入量不变的情况下，输出量存在着与输入量无关的变化，这种变化称为漂移。传感器的漂移有几种，分别是零点漂移、灵敏度漂移、时漂（零点或灵敏度随时间变化）、温漂（温度变化引起的漂移）等。零点漂移如图 2-14 所示。

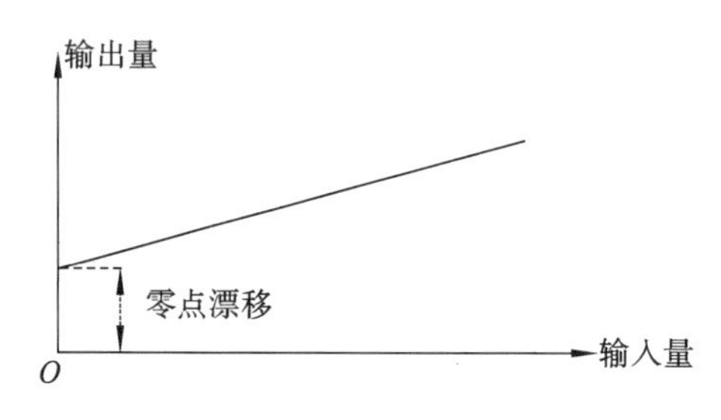

图 2-14 零点漂移

传感器的动态特性是指输入量随时间变化时，输出量与输入量之间的关系。测试动态被测量时，要求传感器不仅能精确测量出信号的幅值，还要测量出其随时间变化过程的波形，如果传感器能迅速、准确且无失真地测出随时间变化的波形，使输出与输入随时间变化一致，那么这种动态特性就是非常良好的。

实际上传感器除有较为理想的比例特性环节外，还有阻尼、惯性等环节，输出信号与输入信号没有完全相同的时间函数，这种输出与输入的差异就是动态误差，动态误差越大，传感器动态性能也就越差。

2. 信号调理模块

信号调理就是传感器将拾取的信号经过放大、滤波、衰减、调制解调、幅频变换及数字化等处理过后，得到适合传输的标准信号并输出的过程。

信号的放大和滤波是信号调理过程中的一个重要环节。

信号的放大是对能量较弱的信号进行放大处理，以便接收装置能较好地识别，该过程一般都是通过放大器来完成的。放大器可以将输入信号的电压或功率放大，输入信号中除需要的有效信号外，同时也夹杂着噪声信号，当放大器对输入信号进行放大时，不免也会将噪声信号放大，所以为减小对噪声信号的放大，放大器通常还具有滤波的功能。

滤波是指只允许一定频率范围内的信号通过，抑制或者削弱不需要的频率成分的信号。实现这一功能的元器件叫滤波器，其为一种具有频率选择功能的处理系统。广义上说，任何仪器都是一台滤波器，因为任何仪器都是将自己敏感的信号进行转换和传递，而其他信号都被滤除掉了。

滤波器按照信号的处理形式可以分为数字滤波器和模拟滤波器；按照其功能可以分为低通滤波器(LPF)、高通滤波器(HPF)、带通滤波器(BPF)、带阻滤波器(BEF)以及全通滤波器；按照传递函数又可分为一阶、二阶和高阶滤波器。信号滤波示意如图 2-15 所示。

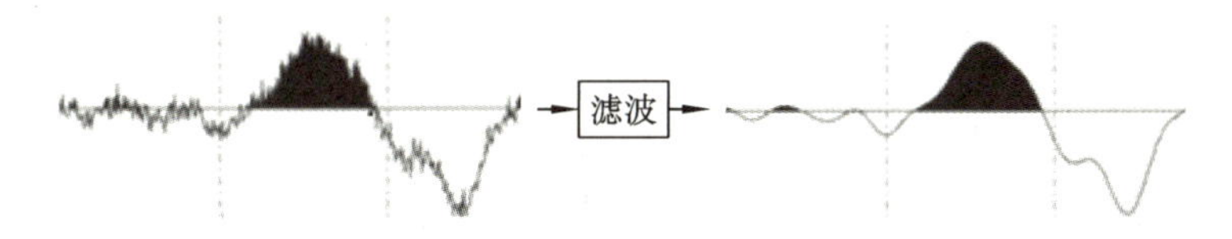

图 2-15　信号滤波示意

3. A/D 转换模块

A/D 转换就是把模拟信号转换成数字信号，转换过程包括采样、保持、量化和编码四个步骤。A/D 转换过程如图 2-16 所示。

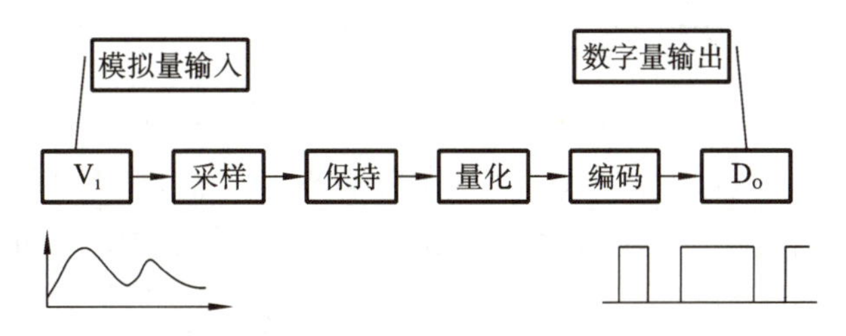

图 2-16　A/D 转换过程

1) A/D 转换分类

A/D 转换按转换方法可分为直接转换法和间接转换法。

直接转换法是通过一套基准电压与保持电压进行对比，从而直接将模拟量转换成数字量，该方法的特点是效率高，转换精度易保证；间接转换法是将取样的模拟量信号先转换成时间或者频率作为中间变量，然后再转换成数字量，该方法的特点是转换精度高，但速度慢。

2) A/D 转换的主要数字指标

A/D 转换的主要数字指标有分辨率、转换时间、采样频率、线性度、量程等。

(1) 分辨率。

分辨率是指 A/D 转换可转换成数字量的最小电压，是对最小模拟输入值的敏感度，一个 n 位二进制输出能区分输入模拟电压的最小差异为满量程输入的 $1/2^n$，所以分辨率通常用 A/D 的位数来表示(8 位、10 位、12 位、16 位、24 位等)，如 A/D 转换输出为 12 位，最大输入信号为 12 V，其分辨率即为 $12\times1/2^{12}=2.93$ mV。

(2) 转换时间。

转换时间是指输入启动转换信号到获得稳定的数字信号所经过的时间，一般转换速度越快越好，常见的有超高速(转换时间小于 1 ns)、高速(转换时间小于 1 μs)、中速(转换时间小于 1 ms)、低速(转换时间小于 1 s)。

(3) 采样频率。

采样频率即在单位时间内所采集的信号的数量，单位为 Hz。如果采集对象是动态连续信号，那么要求采样频率至少需要为对象信号频率的 2 倍才能保证信号形态被还原，若信号频率为 20 kHz，则采样频率应不小于 40 kHz。

(4) 线性度。

线性度是指当模拟量发生变化时，A/D 转换器输出的数字量按比例关系变化的程度。

(5) 量程。

量程是指能够转换的电压范围，如 0～10 V、0～12 V 等。

2.3.2 虚拟仪器概述

虚拟仪器是计算机软件和基本硬件相结合的模拟仪器，它利用计算机强大的数据处理能力以及硬件设施的支持，完成信号的采集、分析、处理以及测试结果的显示等。软、硬件的配合极大地改善了传统仪器对数据处理、显示、传送、存储等方面的不便。

虚拟仪器的特点就是将计算机软件与仪器硬件等紧密结合在一起，即让同样的硬件系统也可通过对软件功能的改编，达到让使用者实现自己定义虚拟仪器使用功能的目的。虚拟仪器与传统仪器的特点对比如表 2-4 所示。

表 2-4 虚拟仪器与传统仪器的特点对比

仪器类型	虚拟仪器	传统仪器
系统标准	用户自定义，标准逐渐统一	仪器厂商自定义，标准难统一
系统开放性	开放、灵活，可与计算机技术保持同步发展	封闭性，仪器间相互配合较差
系统关键及升级	关键是软件，性能升级方便，通过网络下载升级程序即可	关键是硬件，升级成本较高，且升级必须上门服务
技术更新周期	技术更新周期短(1～2 年)	技术更新周期长(5～10 年)
系统成本及复用性	价格低廉，开发和维护费低。仪器间资源可重复利用率高	价格昂贵，开发和维护费高。仪器间资源一般无法相互利用
系统的开放性	可以与网络及周边设备方便互连	与其他设备仪器的连接十分有限

虚拟仪器系统结构示意如图 2-17 所示。

虚拟仪器是在计算机的基础上开发使用的，计算机软件的开放、灵活使得虚拟仪器的应用非常广泛。

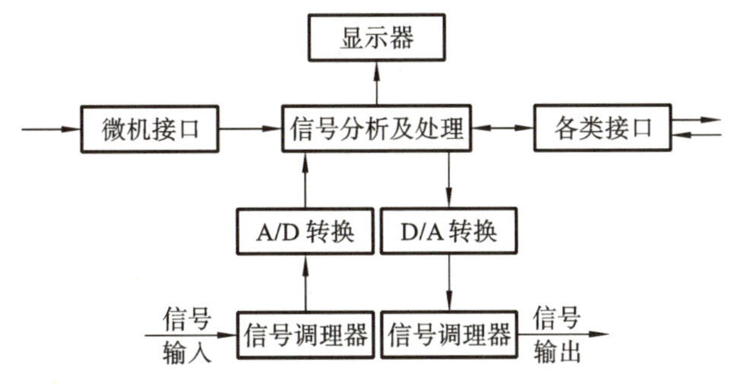

图 2-17 虚拟仪器系统结构示意

(1) 检测:利用虚拟仪器开发的检测设备可以对目前各个行业的施工建造情况进行检测和督查,大大提高检测的效率及准确性。

(2) 监控:使用虚拟仪器组成的远程监控系统可随时采集和记录事先安装好的传感器的监控数据,并对数据进行分析处理,从而实现远程监控功能。

(3) 教学:使用虚拟仪器来建立教学系统,充分利用其系统的灵活性和可再开发利用等特点,在使教学成本大大减少的同时教学也变得更加丰富多彩。

2.3.3 提高信噪比的方法

检测过程中,采集到有效信号的同时,不可避免地也会采集噪声信号,噪声信号会影响到后期的处理和分析,所以提高信噪比对抑制噪声信号是非常有必要的。

噪声信号来源分为内部和外部两种,内部噪声主要是由于电路设计、制造工艺等因素,由设备自身产生的干扰;外部噪声则是设备所在的电子环境和物理化学环境(自然环境)造成的干扰,这种环境干扰可能是电磁干扰,也可能是机械振动干扰,还可能是来自温度变化的干扰等。

提高信噪比的方法有很多,如对信号进行前端增幅、改良配线方式和输入方式、添加滤波装置以及进行软件处理等。这里主要介绍如何利用滤波装置和软件降噪提高信噪比。

1. 滤波装置降噪

根据前面的学习可以知道,信号可以看成是由不同频率的正弦或余弦波组成的,所以可以滤掉不需要频率的波,保留需要频率的波来达到提高信噪比的目的。

滤波装置根据可通过频率的范围分为以下几种。

(1) 低通滤波器:只允许低于截止频率的信号通过,高于截止频率的信号不能通过滤波装置。

(2) 高通滤波器:只允许高于截止频率的信号通过,低于截止频率的信号不能通过滤波装置。

(3) 带通滤波器:只允许设定范围内频率的信号通过,设定范围外频率的信号不能通过滤波装置。

(4) 带阻滤波器:只允许设定范围外频率的信号通过,设定范围内频率的信号不能通过滤波装置。

2. 软件降噪

提高信噪比除可以通过添加滤波器外,还可以进行软件降噪,软件降噪的方法也较多,下面主要介绍移动平滑法。

移动平滑滤波的原理是对相邻数据取加权平均值，该方法是对测试信号高频噪声的一种削减技术，具体步骤如下。

如图 2-18 所示，在测试波形图中以某一点为中心，对相邻一定时间范围 A 内的各点的测试值取平均值，用以代替原中心点测试值。

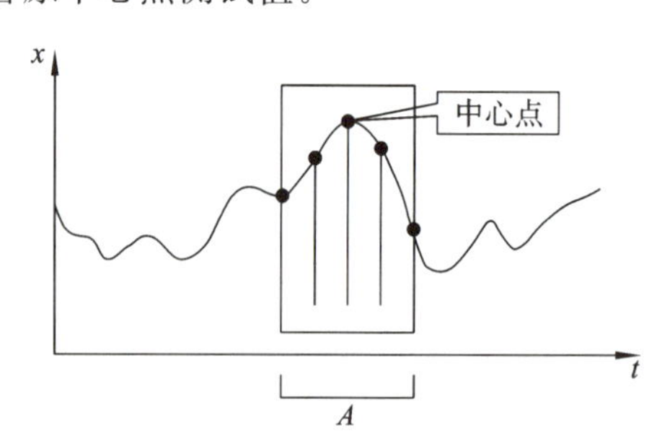

图 2-18　数据窗及移动平滑法示意

其数学计算公式见式(2-7)。

$$y(i)=\frac{1}{W}\sum_{j=-m}^{m}w(j)x(i+j) \tag{2-7}$$

式中，$y(i)$——第 i 个平滑后的数据；

$x(i)$——第 i 个测试原始数据；

$w(j)$——权重，有 $j=-m,\cdots,-1,0,1,\cdots,m$；

W——归一化参数，$W=\sum\limits_{j=-m}^{m}w(j)$。

移动平滑法的降噪效果取决于以下因素。

如果噪声是完全的白色噪声，相互之间没有关系，此时的去噪效果最好。反之，如果噪声是完全相关信号，移动平滑法则完全失效。

移动平滑法具有信号耦合的作用，即相邻信号会互相影响，影响信号的锐度。

2.4　信号分析和成像基础

2.4.1　信号的频谱分析

信号的频谱分析是将合成波分解为一个个具有单独频率和初始相位的单纯波。频谱分析的方法较多，目前使用较多的为快速傅里叶变换(FFT)和最大熵法(MEM)。

1. 傅里叶变换

傅里叶变换是把一个复杂的波分解为许多频率、振幅、相位都不相同的正弦波或余弦波的过程。信号分解示意如图 2-19 所示，FFT 频谱如图 2-20 所示。

若测试波形在时间轴的时间间隔为 Δt，测试的数据个数为 N，则持续时间 T 可表示为式(2-8)。

$$T=N\cdot\Delta t \tag{2-8}$$

若各标本点的值为 x_m，m 表示各标本点的序号，则第 m 点的信号表示见式(2-9)。

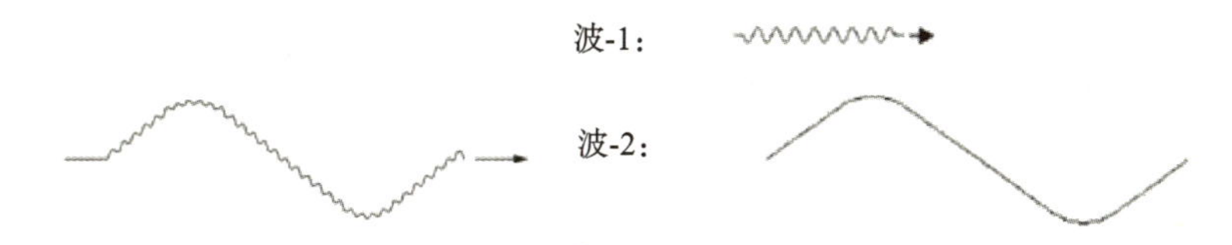

图 2-19 信号分解示意

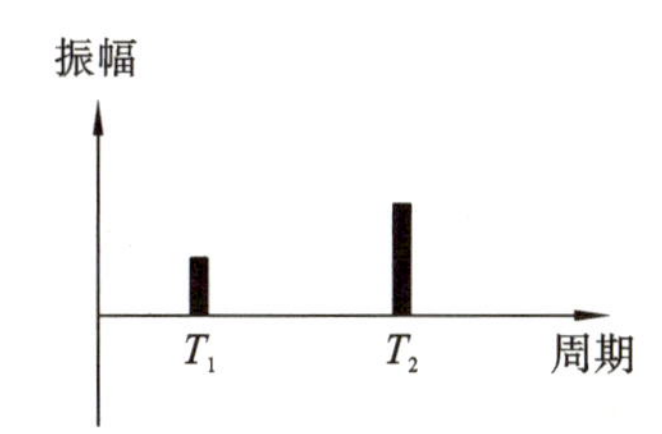

图 2-20 FFT 频谱

$$x_m = \frac{A_0}{2} + \sum_{k=1}^{N/2-1}\left[A_k \cos\frac{2\pi km}{N} + B_k \sin\frac{2\pi km}{N}\right] + \frac{A_{N/2}}{2}\cos\frac{2\pi(N/2)m}{N} \tag{2-9}$$

傅里叶变换就是需要求出式(2-9)的各个系数(A_k 与 B_k,称为有限傅里叶系数),如果定义 f_k :

$$f_k = \frac{km}{N\Delta t} \tag{2-10}$$

可得

$$x(t) = \frac{A_0}{2} + \sum_{k=1}^{N/2-1}[A_k \cos 2\pi f_k \Delta t + B_k \sin 2\pi f_k \Delta t] + \frac{A_{N/2}}{2}\cos 2\pi f_{N/2}\Delta t \tag{2-11}$$

f_k 表示 k 次频率,k 越大,频率越高。最大频率 $f_{N/2}$ 即是采样频率的一半,见式(2-12)。

$$f_{N/2} = \frac{1}{2\Delta t} \tag{2-12}$$

因此,用傅里叶变换能分解的最高的频率分量为采样频率的一半。在测试的信号中,超过采样频率一半以上的频率就不能分解。整理上述各式,可得式(2-13)。

$$x(t) = \frac{X_0}{2} + \sum_{k=1}^{N/2-1} X_1 \cos(2\pi f_k \Delta t + \phi_k) + \frac{X_{N/2}}{2}\cos 2\pi f_{N/2}\Delta t \tag{2-13}$$

式中,X_k——振幅,$X_k = \sqrt{A_k^2 + B_k^2}$;

ϕ_k——相位角,$\phi_k = \arctan(B_k/A_k)(-\pi < \phi_k < \pi)$ 。

因此,通过图形描画 $f_k \sim X_k$,$f_k \sim \phi_k$,即成为傅里叶振幅谱和相位谱。

由于傅里叶变换的时间很长,在实际应用中,一般采用快速傅里叶变换(FFT),FFT 要求对象数据的个数为 2 的乘方数(512、1024、2048 等)。

需要说明的一点是,对于 FFT,其频谱分辨率是由采样间隔和采样数所决定的。采样间隔越小,分辨率越高;而采样数越多,其分辨率反而降低。

2. 最大熵法(MEM)

最大熵法是一种较为新颖的频谱分析方法。与 FFT 相比,MEM 具有以下几方面的特征。

(1) 频谱分辨率非常高。

(2) 适用于非 sin/cos 类信号。

（3）最大熵谱估计的分辨率与序列长度 N 的平方成反比，FFT 的分辨率则与观测时间（序列长度 N）成反比，相比之下，序列长度越长的情况下，最大熵谱估计的分辨率比传统谱要高。

（4）解决了旁瓣泄漏问题。

但是，MEM 也有不少缺点，如果使用不当，会得出错误的结果。因此，使用 MEM 分析数据时，需要注意以下几点。

（1）MEM 的分辨力与稳定性相矛盾。通常，分辨力越高，会导致伪频出现的概率越大。

（2）MEM 是非线性分析方法，即两套数据叠加起来进行 MEM 分析的结果，与分别进行 MEM 分析后的结果叠加不一样。此外，对测试数据进行带宽滤波、高通滤波、低通滤波后，产生伪频的概率大大增加。

（3）MEM 分析中，对频谱的位置的分辨率很高，但对其振幅（高度）的分辨精度则无法保证，特别是当测试点数较少时，这种误差更加明显。

（4）对信噪比非常敏感。在低信噪比情况下，分辨率较差。因此，进行必要的预处理是有意义的，而这又提高了产生伪频的概率。

2.4.2 信号的相关分析

在信号的分析中，往往需要对两个及以上的信号进行相互关系的研究，一般都是用已知的信号波形与畸变后的接收波形进行比较，利用它们的相似或相异性作出判断，这就需要解决信号之间的相似或相异性的度量问题，也就是信号的相关分析要解决的问题。

信号的相关分自相关和互相关两种方式，分别用于描述一个信号在一定时移前后 $x(t)$ 与 $x(t+\tau)$ 或两个信号 $x(t)$ 与 $y(t)$ 之间的关系。

1. 自相关函数

为了定量描述信号时移前 $x(t)$ 与时移后 $x(t+\tau)$ 的差别或相似度，定义自相关函数，见式(2-14)。

自相关函数是 τ 的偶函数示意如图 2-21 所示。

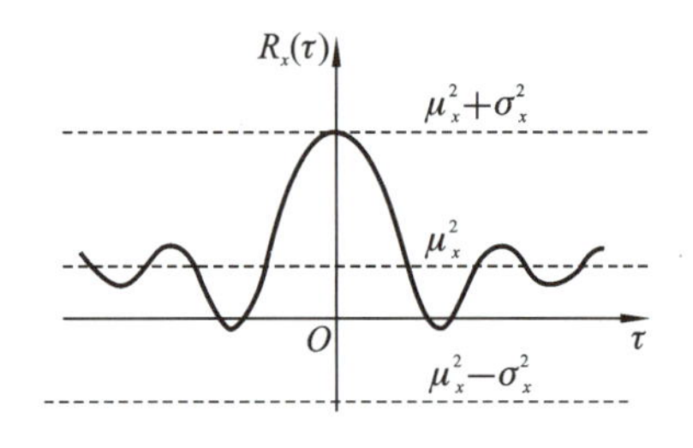

图 2-21 自相关函数是 τ 的偶函数示意

$$R_x(\tau) = \lim_{T\to 0} \frac{1}{T}\int_0^T x(t)x(t+\tau)\mathrm{d}t \tag{2-14}$$

式中，x——信号输入值；

T——最大时间；

t——当前时间值；

τ——时间增量。

（1）当 $\tau=0$ 时。

①自相关函数等于信号的能量。

②自相关函数在 $\tau=0$ 时为最大值，也就是自相关函数在 τ 为任何值时，都不会大于它的初始值，见式(2-15)。

$$R_{xx}(0) \geqslant R_{xx}(\tau) \tag{2-15}$$

③平均值为 0 的随机函数的自相关函数等于均方值或方差，见式(2-16)。

$$R_{xx}(0) = x^2 = \sigma_x^2 \tag{2-16}$$

(2) τ 相当大时。

①平均值为 0 的随机函数的自相关函数很快收敛于 0，见式(2-17)。

$$\lim_{t\to\infty} R_{xx}(\tau) = R_{xx}(\pm\infty) = 0 \tag{2-17}$$

②当 τ 足够大，对于周期信号 $x(t)$ 的自相关函数仍然是同频率的周期信号，但是不保留原信号的相位信息。

(3) 平均值不为 0 的随机函数。

①平均值不为 0 的随机函数的自相关函数，很快接近于平均值的平方，见式(2-18)。

$$\lim_{t\to\infty} R_{xx}(\tau) = R_{xx}(\pm\infty) = m_x^2 \tag{2-18}$$

②平均值不为 0 的随机函数的自相关函数等于均方值或方差加平均值平方的和，见式(2-19)。

$$R_{xx}(0) = x^2 = \sigma_x^2 + m_x^2 \tag{2-19}$$

(4) 如果随机信号 $x(t)$ 是由噪声 $n(t)$ 和独立信号 $h(t)$ 组成的，则 $x(t)$ 的自相关函数是这两部分各自自相关函数之和，见式(2-20)。

$$R_{xx}(\tau) = R_n(\tau) + R_h(\tau) \tag{2-20}$$

2. 互相关函数

互相关函数描述信号 $x(t)$ 与 $y(t)$ 的相似程度，定义见式(2-21)。

$$R_{xy}(\tau) = \lim_{T\to\infty} \frac{1}{T}\int_0^T x(t)y(t+\tau)\mathrm{d}t \tag{2-21}$$

互相关函数不是 τ 的偶函数示意如图 2-22 所示。

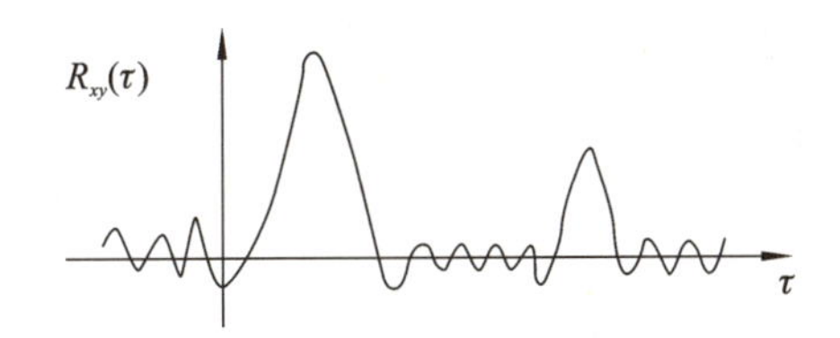

图 2-22　互相关函数不是 τ 的偶函数示意

(1) $R_{xy}(\tau)$ 和 $R_{yx}(\tau)$ 不是同一个函数，但存在式(2-22)的关系。

$$R_{xy}(\tau) = R_{yx}(-\tau) \tag{2-22}$$

(2) 两周期信号的互相关函数仍然是同频率的周期信号，且保留原来信号的相位信息，因此，互相关函数取最大值时，反映了信号的滞后。

(3) 如果 $x(t)$ 与 $y(t)$ 是两个完全独立无关信号，则 $R_{xy}(\tau)=0$，所以，互相关函数能够捡拾隐藏在外界噪声中的规律信号。

3. 相关系数

统计学中用相关系数来描述随机变量 x、y 之间的线性相关性。我们一般用 R_{xy} 来定义

变量 x、y 的相关系数，若考虑 N 对数据(x_i, y_i)，其相关系数 R_{xy} 计算见式(2-23)。

$$R_{xy} = \frac{\sum_{i=1}^{N}(x_i - \overline{x})(y_i - \overline{y})}{\sqrt{\sum_{i=1}^{N}(x_i - \overline{x})^2 (y_i - \overline{y})^2}} \tag{2-23}$$

式中，$\overline{x}$、$\overline{y}$——x、y 的均值。

R_{xy} 取值在$[-1,1]$区间，当 x 和 y 完全是线性关系时，R_{xy} 为$+1$或-1；当 x 和 y 含有随机噪声或有确定的非线性关系时，则 $|R_{xy}|<1$；当 x 和 y 完全无关时，$R_{xy}=0$。

图 2-23 为 x，y 两个变量组成的数据点分布，两个变量的相关系数的绝对值越接近 1，其线性相关程度越好。

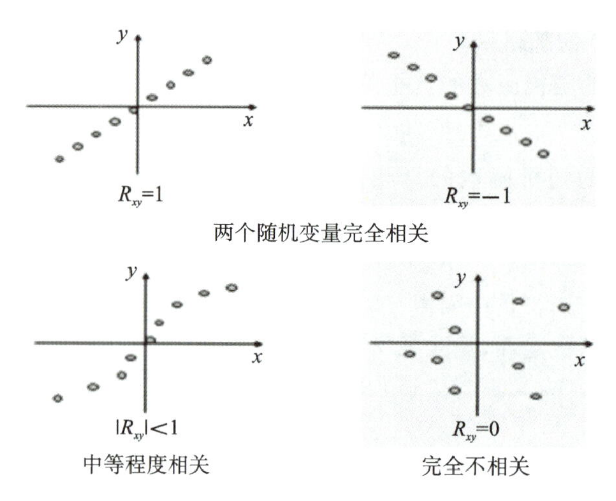

图 2-23　信号相关示意

2.4.3　数字成像的原理

检测结果一般为波形图或者频谱图，这要求专业人员具有较强的专业技术才能较好地得出检测结论，而对于许多非专业人员而言则较困难。处理后的波形信号和频谱信号可直观反映出检测对象的情况，如尺寸、大小、缺陷位置等，因此数字成像技术是工程检测非常重要的组成部分。

数字成像包括的范围较广，下面简单介绍弹性波在工程检测方面的数字成像的基本原理。如图 2-24 所示，沿测试对象表面依次激发信号，信号在无缺陷的位置直达底板并反射回来，而信号在遇到空洞等疏松介质时则提前反射回来，通过将测试的信号进行拾取、滤波、信号增幅等处理，再根据信号的强弱、相位，用彩色或者浓淡（灰度）进行表示，即可将原始的波形图通过数字图像（见图 2-25）表达出来。

除时域的成像外，对测试信号进行频谱分析（FFT 或者 MEM）后，以时间作为横坐标，振幅或者功率作为纵坐标，也可以将信号转换后的频域以图像表示（见图2-26）。

2.4.4　弹性波计算机断层扫描(CT)

计算机断层扫描（computer tomography，CT）是计算机与 X 射线检查技术相结合的产

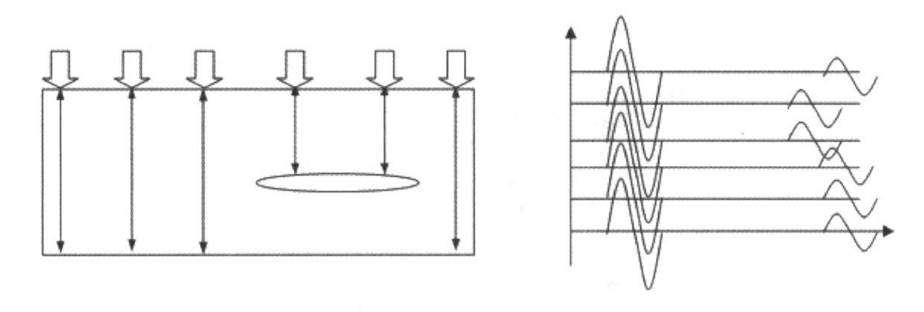

图 2-24　弹性波扫描示意

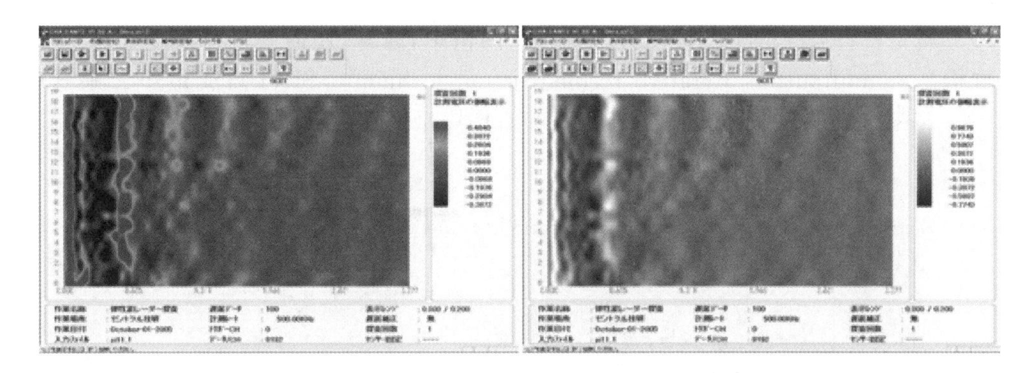

图 2-25　弹性波扫描成像

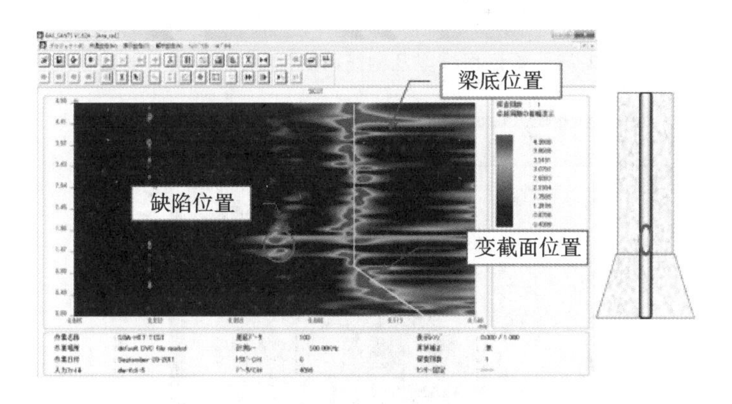

图 2-26　某桥梁腹板频域成像(MEM 分析)

物，随着近年来的不断发展，其应用领域也从单纯的医疗领域拓展到工业、土木检测等行业。

除 X 射线以外，超声波、弹性波也可被用作检测媒介。与 X 射线相比，超声波或者弹性波的直进性差，信号接收的稳定性也差。因此，在超声波、弹性波 CT 中，虽然也可以采用其衰减特性(与 X 射线类似)，但更多地采用其波速特性。

在工程检测中，若检测区域中存在软弱区域或者缺陷，该区域中传播的弹性波波速会降低。因此，利用计算机层析技术反算出测试范围的波速，即可检测结构内部缺陷。实际计算时，一般采用近似方法求各波线的波速，其中，最常用的方法是逆投影法(back projection technique，BPT)。

令波线的数目为 N，单元的数目为 M。如图 2-27 所示，将测试对象分成若干小块，目的是求出每个网格内的波速。

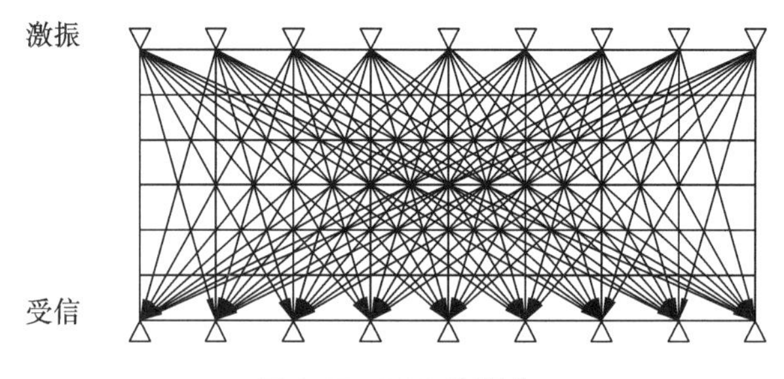

图 2-27 BPT 的概念

BPT 就是将各波线的平均速度分配到各个网格中，通常，还需要进行残差处理[如同时迭代重构法(simultaneous iterative reconstruction technique，SIRT)，或最小二乘迭代法(iterative least square technique，ILST)]。下面是某弹性波 CT 的验证实例(见图 2-28 和图 2-29)。

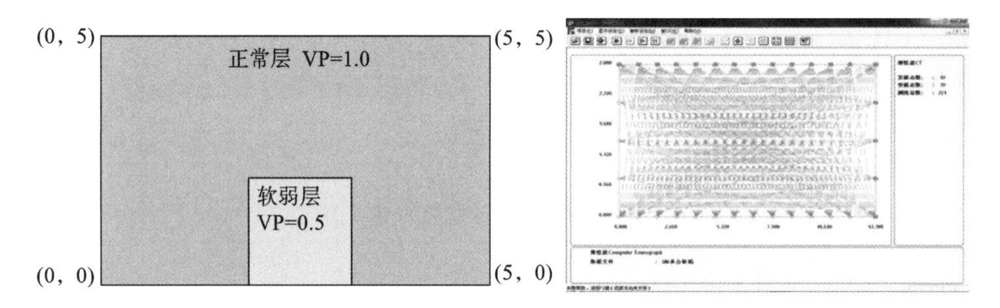

图 2-28 验证用模型及测线网格(中间为一软弱层)

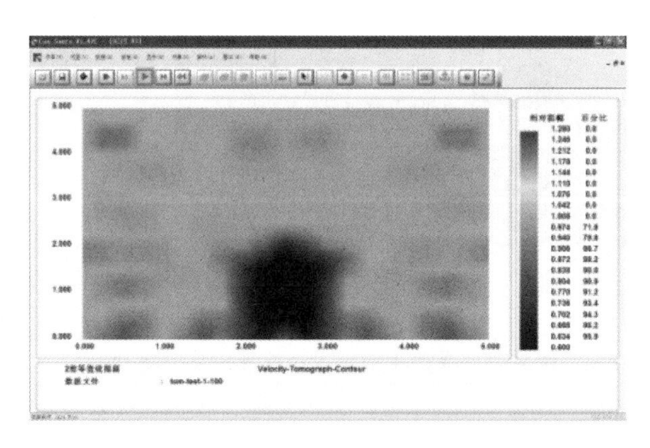

图 2-29 CT 结果(波速)

此外，弹性波波速 CT 还要注意下列问题。

(1) 尽管能够找出内部缺陷，但其数值往往较实际值有偏大的倾向。

(2) 如果由于测试条件所限，不能 360°全断面观测，则对平行于测线的缺陷的分辨力会大幅降低。

习　题

1. 无损检测的方法有哪些？其原理是什么？
2. 什么是振动？什么是波动？它们之间有什么关系？
3. 什么是传感器？传感器的常见分类有哪些？怎么判定传感器的性能？
4. 噪声信号的来源及降噪的方法有哪些？
5. 弹性波数字成像的基本原理是什么？

项目 3 混凝土材料及结构

学习目标

1. 知识目标

(1) 了解混凝土强度、混凝土结构厚度、混凝土缺陷、混凝土裂缝、钢筋布置等多种测试手段的测试原理。

(2) 了解测试方法的适用范围及其技术特点。

2. 能力目标

(1) 掌握常用的测试媒介及其工程应用。

(2) 掌握超声波、弹性波、雷达法等在混凝土结构材质检测中的技术原理及应用特点。

3. 思政目标

(1) 培养工程检测领域的职业道德,增强对工程质量和安全的责任意识。

(2) 认识到混凝土结构检测的重要性,树立科学严谨的工作态度。

(3) 通过学习检测技术,增强服务社会和保护公共安全的使命感。

3.1　混凝土强度检测

3.1.1　混凝土强度的概念

以水泥、砂、石、水、外掺料、外加剂组成的混凝土实体或试块受外力作用时，其本身会产生对外的抵抗力，单位面积上的抵抗力称为混凝土强度（见图 3-1）。

强度基本单位是帕（Pa，1 Pa $=1$ N/m^2），常用单位是兆帕（MPa，1 MPa $=1$ N/mm^2）。

3.1.2　混凝土强度的种类

混凝土强度分为抗压、抗弯（抗折）、抗拉、抗扭、抗劈裂等强度。其中抗压、抗拉、抗弯强度为工程上最常用的强度，如桥梁墩柱抗压强度、水泥混凝土路面的抗折强度。

3.1.3　混凝土强度检测的意义

混凝土强度反映了混凝土的力学性质，是混凝土结构评价的主要技术指标。混凝土强度也反映了混凝土受力大小，是混凝土结构本身抵御外界压力的能力，如 C50 混凝土抵御外界压力的强度为 50 MPa，即在 1 m^2 的混凝土上面，约有 1250 辆自重 4 t 的卡车垂直叠放，混凝土才会被压碎。所以说，对混凝土强度的检测，即是对混凝土抵抗外力能力的评价。

3.1.4　混凝土强度检测方法

1. 试件法

以抗压强度为例，将混凝土做成标准试块（150 mm×150 mm×150 mm）（见图 3-2），以三个试件为一组。养护至规定天数的 7 天或 28 天，在标准试验条件下加压至试块破坏，测试混凝土强度的方法，称抗压试验标准方法。

优点：判定依据准确，能形成评价体系。缺点：养护时间长。

2. 回弹法

使用回弹仪在混凝土表面测试回弹值（见图 3-3），对回弹值进行量化碳化深度、测试工作面和回弹角度等数据处理后，根据全国或地区混凝土回弹强度表格查出相对应的回弹强度。回弹法是结构外表强度检测常用方法，其操作方法见《回弹法检测混凝土抗压强度技术规程》（JGJ/T 23—2011）。

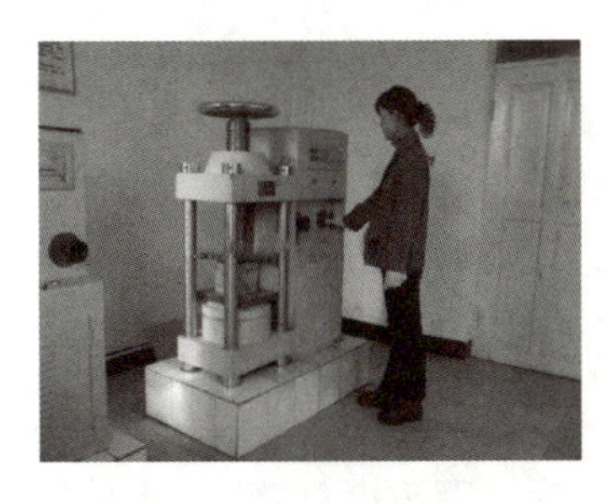

图 3-1　混凝土强度测试

图 3-2　混凝土标准试块

图 3-3　回弹仪测混凝土强度

优点：方便、快捷、成本低，对结构无损伤。缺点：精度、可靠性低，仅为 83%左右，仅能评价表面混凝土强度，不宜作为结构评价的依据。

3. 超声波回弹综合法

使用超声波波速、声时数据和回弹数据对混凝土强度进行评定的方法（见图 3-4）。

优点：能探测到混凝土内部的强度。缺点：成本高、费用大、工作量大，一般不常用。

4. 钻芯法

使用取芯机在混凝土中取样，钻芯用水泥补平、修整后放到压力机下测试混凝土破坏时的强度（见图 3-5），称为圆柱强度，然后根据其数据经高度修正，换算成立方体混凝土强度。

5. 其他

如拉拔法，拉出埋入混凝土中钢筋，通过拉拔力推算混凝土强度（见图 3-6）。

图 3-4 超声波回弹综合法仪器

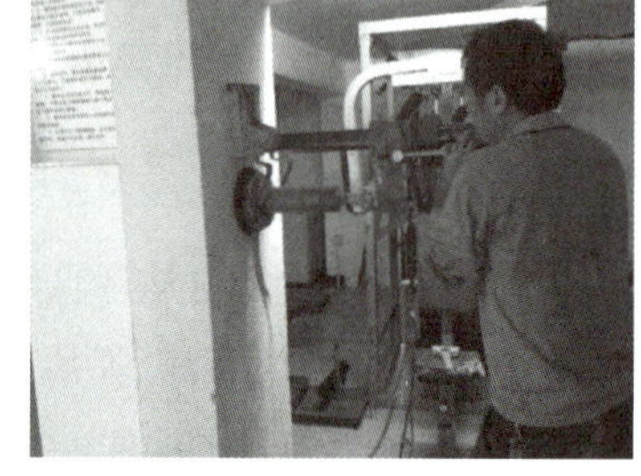

图 3-5 钻芯法测强度

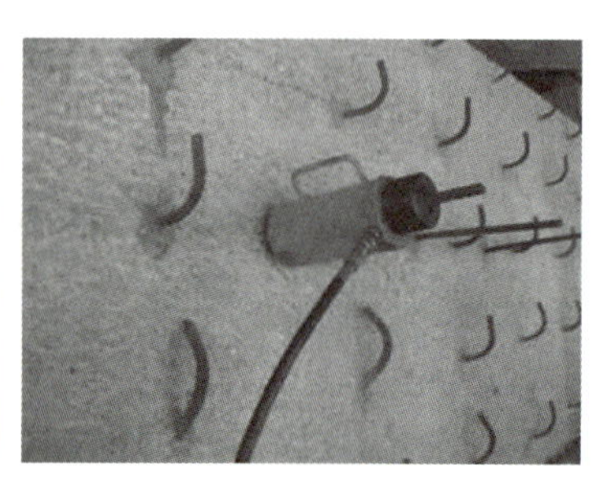

图 3-6 拉拔法测强度

3.1.5 混凝土强度代表值计算与评价

1. 混凝土强度评定程序

根据现行的混凝土强度检验相关标准，混凝土强度评定应分批进行。一个检验批的混凝土应由强度等级相同、试验龄期相同、生产工艺条件和配合比基本相同的混凝土试块组成。混凝土试块分为工地现场留样试块和试验室留样试块，两种试块以工地现场留样试块作为强度代表。

工地或试验室通常将混凝土留样试块分组，《混凝土强度检验评定标准》（GB/T 50107—2010）规定三个试块为一组。一组混凝土试块得出三个混凝土强度数据，由于混凝土材料的不均匀性，数值不会一样，因而有最大值、中间值和最小值，每组试块的强度代表值评定有下述三种情况。

（1）最大值、最小值与中间值之差都小于中间值的 15%时，以三个值的平均值为一组混凝土的强度代表值。

（2）最大值、最小值与中间值之差仅有一个值小于中间值的 15%时，以中间值为一组混凝土的强度代表值。

（3）最大值、最小值与中间值之差都大于中间值的 15%时，该组试件无效。

混凝土强度组代表值确定后，即进行混凝土检验批评定（大批量或小批量评定）。

2. 大批量混凝土强度评定

大批量（通常批量混凝土试块组数大于 10）混凝土强度使用统计方法进行评定，并满足下列要求。

混凝土强度组平均值≥混凝土强度设计值＋合格评定系数 1×混凝土试块组标准差

混凝土强度组最小值≥混凝土强度设计值＋合格评定系数 2×混凝土试块组标准差

混凝土强度合格评定系数 1、2 按表 3-1 选用。

表 3-1　统计方法混凝土强度合格评定系数

试件组数	10～14	15～19	≥20
合格评定系数 1	1.15	1.05	0.95
合格评定系数 2	0.9	0.85	

3. 小批量混凝土强度评定

小批量(批量混凝土试块组数小于 10)或零星生产的混凝土的强度使用非统计方法进行评定,并满足下列要求。

混凝土强度组平均值≥混凝土强度设计值×合格评定系数 3

混凝土强度组最小值≥混凝土强度设计值×合格评定系数 4

混凝土强度合格评定系数 3、4 按表 3-2 选用。

表 3-2　非统计方法混凝土强度合格评定系数

混凝土强度等级	≤C60	≥C60
合格评定系数 3	1.15	1.10
合格评定系数 4	0.95	

3.1.6　混凝土强度评定工程案例

工程案例 1

某大桥下构系梁使用同一批混凝土,工地留样二组,28 天养护到期后进行试压,一组试块强度值为 41.8 MPa、43.2 MPa 和 42.5 MPa,另一组试块强度值为 41.1 MPa、42.7 MPa、49.6 MPa,请确定这二组混凝土的强度代表值。

解:

第一组混凝土:最大值、最小值与中间值的差都没有超过中间值的 15%,取三个值的平均值作为该组强度代表值,即(41.8+43.2+42.5)/3=42.5 (MPa)。

第二组混凝土:最大值、最小值与中间值的差,仅最大值与中间值的差超过中间值的 15%,即(49.6−42.7)/42.7×100%=16.2%,因此,按评定规则,取中间值 42.7 MPa 作为该组强度代表值。

工程案例 2

某市北四环绕城高速公路某标段做桥梁墩柱,设计混凝土强度为 C40,为保证墩柱混凝土质量，采用了不同外加减水剂、不同施工工艺和养护时间。首个构件制作前打了四个试验墩，其中4＃试验墩柱混凝土强度采用回弹法检测，在高2 m、直径1.6 m试验墩柱上测试了10个回弹区，每个区16个回弹值，共160个回弹值，试求4＃试验墩柱回弹强度推定值。结构或构件试样混凝土强度检测报告如表3-3所示。

表3-3　结构或构件试样混凝土强度检测报告

试验室名称：某标段某工地试验室　　　　编号：S8—016—BG—□□□—□□□□□

<table>
<tr><td colspan="2">工程部位/用途</td><td colspan="5">北四环线某标段立交桥试验墩</td><td colspan="2">委托/任务编号</td><td colspan="3">/</td></tr>
<tr><td colspan="2">试验依据</td><td colspan="5">JGJ/T　23—2011</td><td colspan="2">构件编号</td><td colspan="3">/</td></tr>
<tr><td colspan="2">测面描述</td><td colspan="5">光洁、干净、干燥</td><td colspan="2">构件名称</td><td colspan="3">左幅11—4墩柱</td></tr>
<tr><td colspan="2">试验条件</td><td colspan="5">天气：火烧云；温度：39 ℃</td><td colspan="2">试验日期</td><td colspan="3">2016年8月20日</td></tr>
<tr><td colspan="2">主要仪器设备及编号</td><td colspan="10">回弹仪(BSH3—69)</td></tr>
<tr><td colspan="12">混凝土强度</td></tr>
<tr><td colspan="2">测区号</td><td>1</td><td>2</td><td>3</td><td>4</td><td>5</td><td>6</td><td>7</td><td>8</td><td>9</td><td>10</td></tr>
<tr><td rowspan="5">回弹值 N /MPa</td><td>测区平均值</td><td>43.2</td><td>43.6</td><td>42.6</td><td>42.8</td><td>43.4</td><td>43.6</td><td>42.8</td><td>43.0</td><td>44.0</td><td>44.2</td></tr>
<tr><td>角度修正值</td><td>0</td><td>0</td><td>0</td><td>0</td><td>0</td><td>0</td><td>0</td><td>0</td><td>0</td><td>0</td></tr>
<tr><td>角度修正后</td><td>43.2</td><td>43.6</td><td>42.6</td><td>42.8</td><td>43.4</td><td>43.6</td><td>42.8</td><td>43.0</td><td>44.0</td><td>44.2</td></tr>
<tr><td>浇筑面修正值</td><td>0</td><td>0</td><td>0</td><td>0</td><td>0</td><td>0</td><td>0</td><td>0</td><td>0</td><td>0</td></tr>
<tr><td>浇筑面修正后</td><td>43.2</td><td>43.6</td><td>42.6</td><td>42.8</td><td>43.4</td><td>43.6</td><td>42.8</td><td>43.0</td><td>44.0</td><td>44.2</td></tr>
<tr><td colspan="2">碳化深度值 L/mm</td><td>0</td><td>0</td><td>0</td><td>0</td><td>0</td><td>0</td><td>0</td><td>0</td><td>0</td><td>0</td></tr>
<tr><td colspan="2">测区强度值/MPa</td><td>48.5</td><td>49.4</td><td>47.2</td><td>47.6</td><td>49.0</td><td>49.4</td><td>47.6</td><td>48.1</td><td>50.4</td><td>50.8</td></tr>
<tr><td colspan="2">泵送修正</td><td>53.5</td><td>54.4</td><td>52.2</td><td>52.6</td><td>54.0</td><td>54.4</td><td>52.6</td><td>53.1</td><td>55.4</td><td>55.8</td></tr>
<tr><td colspan="2">强度计算/MPa</td><td colspan="5" rowspan="2">测区小于10时，$f_{cu,e}=f^{c}_{cu,min}$</td><td colspan="5" rowspan="2">测区大于等于10时，
$f_{cu,e}=m_{f^{c}_{cu}}-1.645s_{f^{c}_{cu}}$</td></tr>
<tr><td colspan="2">$m_{f^{c}_{cu}}=53.8$
$s_{f^{c}_{cu}}=1.217$</td></tr>
<tr><td colspan="2">强度推定值/MPa</td><td colspan="10">$f_{cu,e}=51.8$</td></tr>
<tr><td colspan="2" rowspan="2">使用测区强度换算表名称</td><td colspan="2">规程</td><td colspan="3">地区</td><td colspan="3">专用</td><td colspan="2">备注</td></tr>
<tr><td colspan="2">JGJ/T
23—2011</td><td colspan="3"></td><td colspan="3"></td><td colspan="2"></td></tr>
<tr><td colspan="12">结论：经检测该构件16天，强度推定值为51.8 MPa。</td></tr>
</table>

解：

根据《回弹法检测混凝土抗压强度技术规程》(JGJ/T 23—2011)，去掉每个测区中的3个最大值与3个最小值，对剩余10个值取平均值。经角度修正、浇筑面修正、碳化深度修正后查测区混凝土强度换算表，按式(3-1)和式(3-2)计算混凝土强度。

$$m_{f^{c}_{cu}}=\frac{\sum_{i=1}^{n}f^{c}_{cu,i}}{n}=53.8(\text{MPa}) \tag{3-1}$$

式中，$m_{f_{cu}^c}$——测区混凝土强度换算值的平均值；

$f_{cu,i}^c$——第 i 个测区的混凝土强度换算值；

n——测区数、测点数、立方体试件数、芯样试件数。

$$s_{f_{cu}^c}=\sqrt{\frac{\sum_{i=1}^{n}(f_{cu,i}^c)^2-n(m_{f_{cu}^c})^2}{n-1}}=1.217\ (\mathrm{MPa}) \tag{3-2}$$

式中，$s_{f_{cu}^c}$——构件测区混凝土强度换算值的标准差。

当结构或构件测区数不少于10个或按批量检测时：

$$f_{cu,e}=m_{f_{cu}^c}-1.645s_{f_{cu}^c}=53.8-1.645\times1.217=51.8\ (\mathrm{MPa}) \tag{3-3}$$

式中，$f_{cu,e}$——构件混凝土强度推定值。

工程案例3

某市绕城南四环高速公路混凝土搅拌站连续生产一批C30水下桩基础混凝土，灌注16＃墩桩基础，混凝土留样组强度如表3-4所示。

表3-4 混凝土留样组强度

混凝土组数	1	2	3	4	5	6	7	8	9
组强度/MPa	31.5	32.6	33.2	32.8	36.1	33.4	32.8	35.8	31.6

请对该桩桩基混凝土强度进行评定。

解：

留样组小于10组，应采用非统计方法计算。

经计算，最小值为31.5 MPa，平均值为33.3 MPa，查表3-2，合格评定系数3为1.15。

即：混凝土强度设计值×合格评定系数3＝30×1.15＝34.5(MPa)

由于混凝土组强度平均值33.3 MPa小于34.5 MPa，据此，判断该桩基水下C30混凝土留样组强度不合格。

3.2 混凝土结构厚度检测

3.2.1 冲击弹性波法

冲击弹性波是指通过人工锤击、电磁激振等物理方式使弹性结构表面产生弹性变形，从而产生的弹性波。

1. 基本原理

在结构表面激发冲击弹性波，通过测试其在结构底部反射的时间 T 和材料的冲击弹性波波速 V_c，即可测试结构的厚度 H，计算式见式(3-4)。

$$H = V_c \cdot T/2 \tag{3-4}$$

根据尺寸的大小、激振波长和能量的强弱，冲击弹性波法可以分为单一反射法和重复反射法（冲击回波法）。

2. 单一反射法

当测试对象较厚，激振信号与反射信号能够分离时，可以直接得到反射时间 T 。

该方法的关键在于从测试信号中识别并抽出反射信号（见图 3-7）。此外，为了进一步提高反射时间 T 及冲击弹性波速 V_c 的提取精度，还可以采用 CDP 重合法、TAR（真振幅回归）等方法。

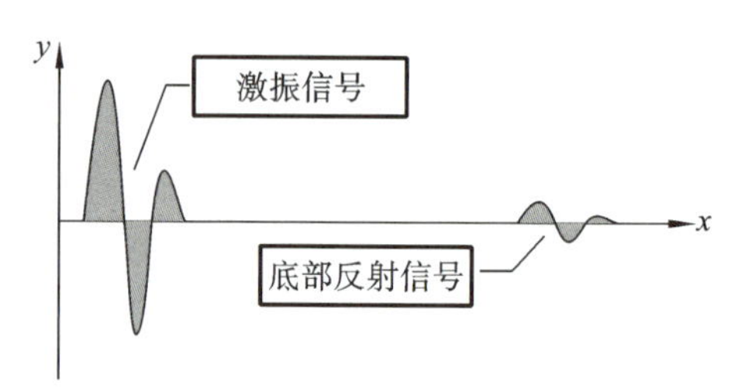

图 3-7 单一反射法的测试概念

3. 重复反射法（冲击回波法）

当测试对象较薄，激振信号与反射信号不能很好地分离时，通过频谱分析的方法可以算出一次反射的时间（即周期），据此即可测出对象的厚度。该方法也称 IE 法（冲击回波法），其关键点如下。

（1）频谱分析，求取反射的周期（为频率的倒数）。

（2）从周围噪声、激振的残留信号中分离有效信号。

（3）激振方式、传感器及固定方式的合理选择。

需要注意的是，在采用 IE 法测试得到的频谱中，可能包含如下多个频谱成分。

（1）底部反射成分（目标成分）。

（2）激振引起的自由振动成分。

（3）传感器的共振成分。

（4）薄板结构的振动成分。

其中，薄板结构的振动成分是需要尽力避免的。底部反射成分、激振引起的自由振动成分和传感器的共振成分的频率相近时，会合成一个频谱，此时最为理想。而激振引起的自由振动成分和传感器的共振成分相近时，会引起明显的伪峰。因此，选用合适的激振方式、传感器及固定方式都是非常重要的（见图 3-8）。

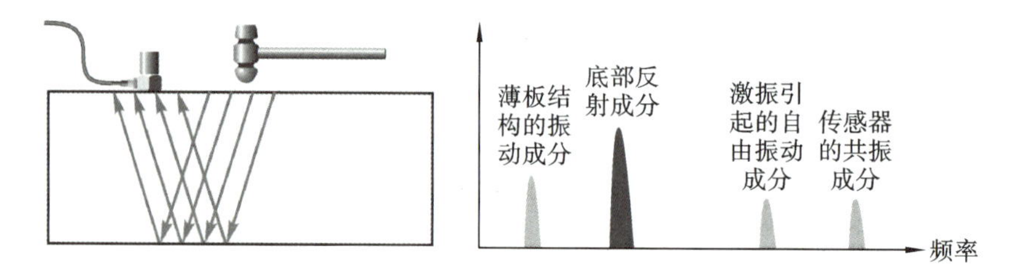

图 3-8 重复反射法（冲击回波法）的测试概念

4. 波速的选取

无论是单一反射法还是重复反射法，测试厚度时，波速 V_c 均为重要的参数。V_c 的获取方法一般有以下两种：在同样的条件下标定和采用其他方法（如单面反射法、双面透射法）测试获取。

如令单面反射法测试得到的波速为 C_p，则 V_c 和 C_p 间存在以下关系，见式(3-5)。

$$V_c = \beta \cdot C_p \tag{3-5}$$

式中，β——几何形状系数，与测试的位置、激振的波长、结构横截面的厚宽比 η 等均有关系。关于 β 的取值，最好通过试验确定，或参考如下取值方法。

(1) 对于单一反射法，β 接近于 1。对于大体积混凝土，可取 1.02；对于桩基等线性结构，可取 0.96～0.98。

(2) 对于重复反射法，当厚宽比 η 小于 0.5 或者大于 2 时，β 可取 0.96。同时，根据实验发现，测点的位置对 β 值也有一定影响。当厚宽比 η 在 0.5～2 区间时，β 有降低的趋势，最低值被认为可到 0.80 附近。

5. 主要特点

重复反射法的测试技术具有如下特点。

1) 可单面测试

与楼板厚度测试仪需要在楼板的上下两面对测相比，本方法可在一个作业面上进行测试。不仅提高了测试效率，而且适用于隧道、基础、底板等各类结构的测试。

2) 测试范围广

可采用不同的激振波长和方法，可测试从数厘米到数米的厚度。

3) 测试稳定性较好

影响测试稳定性和精度的重要因素之一为波速。相比电磁波在混凝土中的波速，冲击弹性波的波速变化要小得多，有利于提高测试的精度和稳定性。

4) 易于获取波速参数

既可以利用已知厚度的地点对波速标定，也可以结合设备中的波速测试方法现场测试波速，而无须钻孔取芯。

3.2.2 雷达法

雷达由主机、天线和数据采集系统等部分组成。根据电磁波在有耗介质中的传播特性，发射天线向混凝土结构发射高频脉冲电磁波(1 MHz～2 GHz)。电磁波在其中传播时，电磁波的传播路径、电磁场强度和波形将随所通过介质的电磁属性和几何形态的变化而变化，雷达主机将对此部分的反射波进行适时接收，根据测定的电磁波在各结构层中的双程传播时间 t 和计算得到的速度 v，由下列公式求出混凝土各结构层厚度 H。

$$v = \frac{c}{\sqrt{\varepsilon_r}} \tag{3-6}$$

$$H = \frac{1}{2}vt \tag{3-7}$$

式中，c——电磁波在真空中的传播速度，c=0.3 m/ns；

ε_r——各结构层相对介电常数；

v——电磁波在各结构层中的传播速度。

1. 相对介电常数的确定

相对介电常数取值的正确性对层厚的测试很重要，可通过如下方法确定混凝土材料的相对介电常数。

(1) 试验确定混凝土材料相对介电常数。制作一系列不同厚度的混凝土构件，根据不同厚度 H 和试验得到的电磁波双程传播时间 t，利用式(3-8)即可求得不同厚度混凝土的相对介电常数。

$$\varepsilon_r = \frac{c^2}{v^2} = \frac{c^2 t^2}{4H^2} \tag{3-8}$$

通过多组 H 值及其对应的 t 值即可得到每次混凝土材料相对介电常数随含水量的变化而变化的定性规律。

(2) 实际工程中可通过取芯法得到混凝土芯样高度 H 和电磁波双程传播时间 t 的关系，利用式(3-8)即可求得混凝土材料相对介电常数。

(3) 另外，也可将天线放在与被测混凝土结构表面和钢板表面相同距离位置上，通过测试得到两种结构单道波形图首波幅值，利用相应的估算公式得到材料的 ε_r。表 3-5 给出了常见材料的电磁属性。

表 3-5 常见材料的电磁属性

材料	相对介电常数 ε_r	传播速度 v/(m/ns)	材料	相对介电常数 ε_r	传播速度 v/(m/ns)
空气	1	0.30	湿砂	25～30	0.055～0.06
水	81	0.033	PVC	3～5	0.13～0.17
铁	300	—	沥青	3～5	0.13～0.17
冰	3～4	0.15～0.17	干混凝土	4～10	0.09～0.15
干砂	3～5	0.13～0.17	湿混凝土	10～20	0.07～0.09

2. 传播速度的确定

根据得到的 ε_r，利用式(3-6)即可求得雷达波传播速度。混凝土养护一定时间后，电磁波在混凝土中的传播速度趋向定值。

3. 数据采集及结果分析

图 3-9 为混凝土试件，将试件设计成阶梯形，共 4 节，每节长 0.5 m，总长 2.0 m，各节厚度分别为 100 mm、150 mm、200 mm 和 400 mm。紧贴构件每节下表面布置 1 根直径小于 10 mm 的钢筋，紧贴构件上表面埋入 1 根直径小于 4 mm 的钢筋。

图 3-9 混凝土试件

试验采用 RIS 系列高精度探地雷达，配置 1600 MHz 天线进行测试。RIS 雷达系统用屏蔽电缆连接，抗干扰能力强，适用于多种复杂工程；其基于 Windows 界面的软件操作简便。测线布置：平行长边方向共布置 7 道测线，最外边测线距构件外边沿 100 mm，各测线间距 50 mm，并依次编号。图 3-10 为数据经数字滤波、背景去除、反褶积、增益恢复、时差校正和偏移等处理后得到的试件雷达灰度剖面，其中的横向实线表示混凝土结构层与空气分层面。

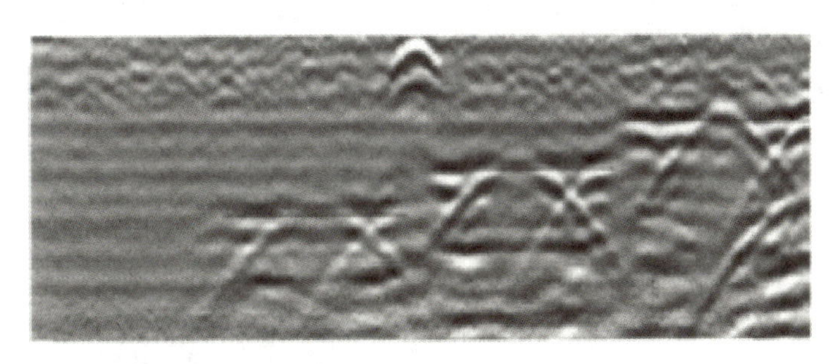

图 3-10　试件雷达灰度剖面

从图 3-10 可得，混凝土结构层与空气分层效果较好，根据分层面可得电磁波在混凝土中的双程传播时间 t；试验取混凝土相对介电常数为 9，利用式(3-6)计算出的雷达波传播速度为 0.1 m/ns；利用式(3-7)即可求得混凝土结构各厚度。表 3-6 给出了不同混凝土厚度测试结果。

表 3-6　不同混凝土厚度测试结果

测试位置	实际厚度/mm	测试厚度/mm	误差值/mm	误差/(%)
1	100	100	0	0.0
2	150	160	10	6.7
3	200	210	10	5.0
4	400	无法检测	—	—

由表 3-6 可见，在小于 400 mm 的厚度探测中，雷达方法的精度较高，最大误差 6.7%。受天线垂直分辨率的限制，随探测深度的增加，测试难度增大，厚度为 400 mm 的混凝土厚度测试效果不理想。

3.2.3　电磁诱导法

对于具有两个工作面，且厚度不大、钢筋不太密集的板形构件(如楼板等)，采用相关的楼板厚度仪检测比较理想(见图 3-11)。

楼板厚度仪利用电磁波幅值衰减的原理对楼板厚度进行测试。检测时，发射探头发射出稳定的交变电磁场，根据电磁理论，传播距离越远，则电磁场的强度衰减越大，通过与主机相连的接收探头接收电磁场，并根据接收探头接收到的电磁场强度来测量楼板的厚度。

一般情况，测量时，发射探头放置于被测楼板的底面，并使其表面与楼板贴紧；接收探头置于被测楼板顶面，如图 3-12 所示。接收探头在发射探头对应的位置附近移动，寻找当前电磁场强度值最小的位置，楼板厚度值即是探头移动过程中电磁场强度最小时的位置厚度。

目前，主流的楼板厚度仪一般由主机、发射探头、接收探头、信号传输电缆等组成。配件

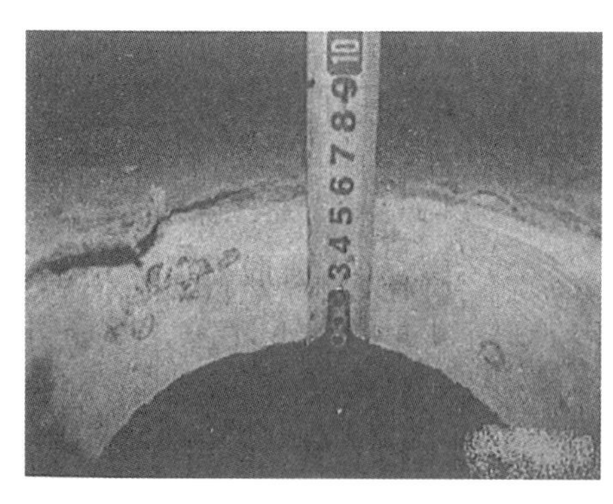

图 3-11　楼板厚度钻孔验证情景

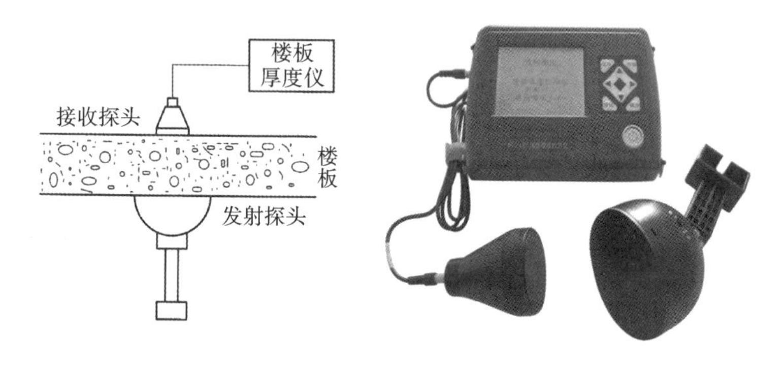

图 3-12　楼板厚度仪测试原理及设备

主要包括对讲机、加长杆、充电器等。电磁场强度与板厚的关系一般通过设备厂商的事先标定得到。

目前，楼板厚度仪的测试厚度范围一般为 50～300 mm，可满足绝大部分楼板的检测。

在测试的过程中，首先将发射探头紧贴于楼板底部预先布置的测点，接收探头放置于楼板顶面，需要注意，接收探头必须位于发射探头上方接收范围内。移动接收探头并进行扫描，使屏幕上厚度值逐渐减小，一直找到电磁场强度最小的位置，则该位置正好位于发射探头正上方，显示的厚度值即为该测点的楼板厚度，如图 3-13 所示。

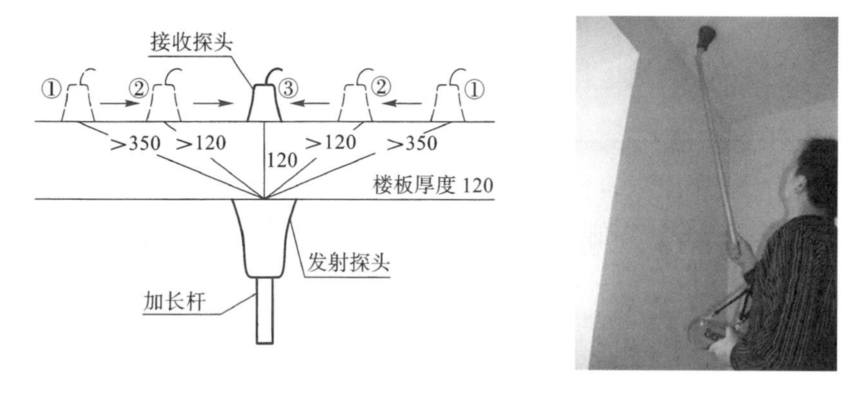

图 3-13　楼板厚度检测概念及情景(单位:mm)

由于楼板厚度仪检测厚度是以电磁场衰减作为厚度的基本参数，因此该方法受电场、磁场的影响很大，其中，钢筋的影响如下。

（1）当有平行钢筋位于发射探头上方时，钢筋距离与发射探头越近，影响越大（测试值偏大）。

（2）当发射、接收探头连线上有竖直钢筋时，影响很大，测试值明显偏小。

因此，在楼板厚度测试中，应尽量避免箍筋对厚度测试的影响。当发现某测点值异常时，应更换测点位置。

3.3　混凝土缺陷检测

混凝土结构由于外部环境以及内部环境等多种原因影响，会出现各种缺陷，缺陷的主要表现形式有表面的蜂窝、龟裂、裂缝和脱空，内部的空洞、不密实等（见图 3-14）。这些缺陷将不同程度地影响结构的承载力和耐久性。

(a) 蜂窝麻面

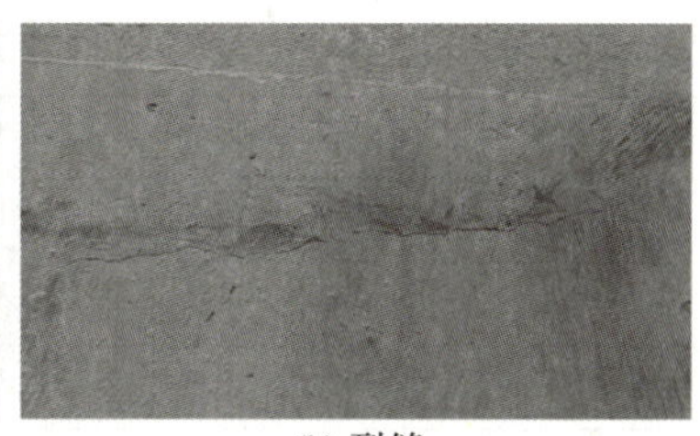
(b) 裂缝

图 3-14　混凝土的典型缺陷

目前，混凝土缺陷检测的方法比较多，从测试媒介来看，主要有超声波、冲击弹性波和微波（雷达）；从测试面来看，有单面测试、双面测试（包括跨孔）；从测试结果的成像方式来看，有连续扫描、CT 等方式。根据测试对象的具体情况，采用最优方法和组合方法是有必要的。

3.3.1　混凝土脱空检测

1. 混凝土脱空检测概述

脱空一般是指在结构中或者结构面间产生了缝隙。结构产生缝隙后，结构受力时会中断应力传递，降低结构的承载力，从而给结构带来严重的危害。

（1）根据脱空面在结构中的位置，一般可以将脱空分为以下几类。

①表层脱空：脱空位置深度小于 2 cm，如钢管混凝土、压力钢管等。

②浅层脱空：脱空位置深度为 2～10 cm，主要包括钢筋混凝土的剥离，隧道一次、二次衬砌之间的脱空。

③深层脱空：脱空位置深度大于 10 cm，主要包括高铁轨道板、混凝土面板以及部分隧道衬砌。

（2）根据产生脱空位置的材料，又可以分为如下两种脱空形式。

①同质材料（或阻抗相近）脱空：同质材料的混凝土衬砌内剥离，一次、二次衬砌之间的脱空等，以及阻抗相近的隧道衬砌与坚硬岩体脱空。由于围岩的阻抗与混凝土相近，因此也可以认为是同质材料的脱空。

②异质材料间脱空：主要包括混凝土衬砌与软弱围岩、地基之间，高铁轨道板与沥青砂

浆之间，钢管与内部混凝土之间，面板与坝体之间的脱空等。

(3) 一般情况下，当脱空位置及类型不相同时，采用的检测方法的差异也较大。脱空面对测试信号的影响主要体现在以下方面。

①脱空产生后，脱空面的刚性有很大的降低，对检测媒介有明显的阻断和反射作用。

②结构产生脱空后，其约束降低，自由度会增加。

2. 脱空检测原理及方法

为了对结构脱空进行更精准的检测，可以根据结构的实际情况选择以下合适的方法。

(1) 振动法(包括打声法)：主要通过测试结构边界反映边界约束的变化。

(2) IE(冲击回波法)/EWR(弹性波雷达)：主要测试结构机械阻抗的变化。

(3) CT(计算机断层扫描)：主要测试材质的变化。

根据脱空的类型不同，选择的检测方法也有差异，结构脱空检测方法一览如表 3-7 所示。

表 3-7 结构脱空检测方法一览

检测方法	同质材料脱空			异质材料脱空		
	表层	浅层	深层	表层	浅层	深层
振动法	◎	△/○	×/△	◎	△/○	×/△
IE/EWR	○	◎	◎/○	○/×	◎/×	○/×
CT	○/×	○/×	○/×	△/×	△/×	△/×

注：①CT 的检测条件为至少具有两个可测面，且测点间最小距离需大于 0.8 m。

②激振锤重量越重，检测深度越大。

③◎表示非常适合，○表示适合，△表示基本适合，×表示不适合。

3. 振动法

对混凝土结构物表面进行敲击能够引起结构表面振动，即敲击可导致结构表面压缩/拉伸空气形成声波。因此，可以将传感器固定于结构表面，采集结构表面经过诱导的振动信号(称为“振动法”)，也可以利用工业拾音器(麦克风)拾取该声波信号(即“打声法”或“声振法”)。

通常，敲击脱空部位时，结构的振动特性会发生以下变化(图 3-15)。

(1) 结构表面的弯曲刚度显著降低，卓越周期增长。

(2) 结构表面的弹性波能量逸散速度变缓，振动的持续时间变长。

这两个特性与激振力度无关。另一方面，剥离会导致结构表面阻抗特性产生变化，也就是说，剥离产生后，结构表面参与振动的质点减少，在同样的激振力下产生的加速度会增加。因此，对激振力度进行归一后，加速度参数也可作为分析结构脱空的重要参数。

剥离/脱空测试各参数的比较如表 3-8 所示。

表 3-8 剥离/脱空测试各参数的比较

项目	持续时间	卓越周期	最大加速度
有剥离时	增大	增大	增大
特征	对边界条件敏感	对厚度敏感	—
优点	与激振力度基本无关		对表层剥离敏感

续表

项目	持续时间	卓越周期	最大加速度
缺点	受材质、边界条件影响较大		需要进行归一化处理
适用结构	周围剥离[见图 3-16(a)]	大范围剥离[见图 3-16(b)]	周围剥离[见图 3-16(a)]

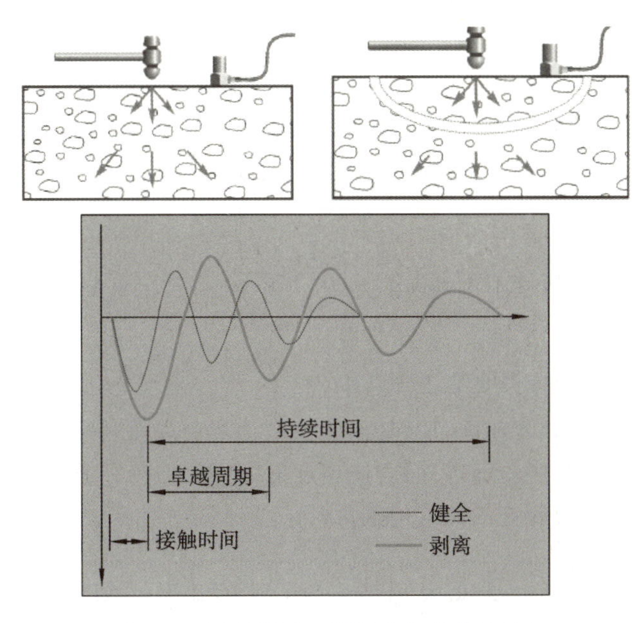

图 3-15 剥离/脱空时振动参数的变化特点

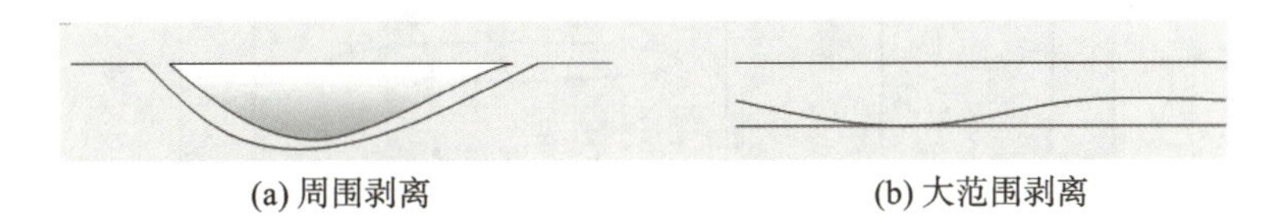

(a) 周围剥离 (b) 大范围剥离

图 3-16 剥离的形状和规模

为了便于说明，假定脱空区域为简支圆板模型(见图 3-17)，则卓越频率 f_k 可通过下式计算。

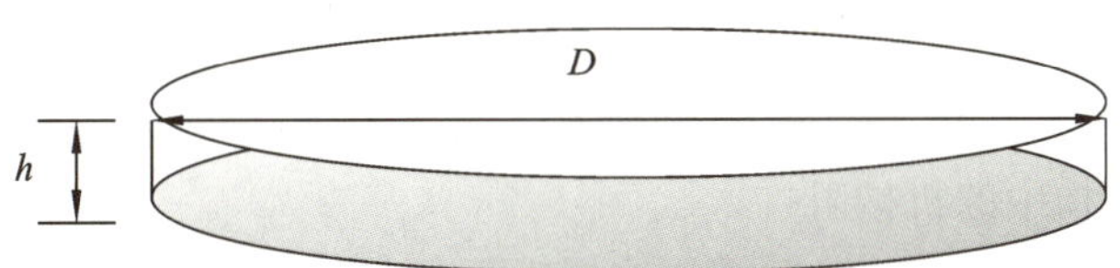

图 3-17 脱空的圆板模型

$$f_k = \frac{h}{2\pi D^2} \cdot R_k^2 \sqrt{\frac{E}{3\rho(1-\mu^2)}} \tag{3-9}$$

式中，R_k——各模态的特征值；

h——简支圆板模型高；

D——直径；

E——材料弹性模量；

ρ——材料密度；

μ——摩擦系数。

结论如下。

(1) 不同的模态可由不同的激振锤诱发，诱导产生的卓越频率会发生很大的变化。通常，质量小的激振锤诱导产生高阶模态，而大的激振锤则相反。对于深的脱空，应当采用较大的激振锤。

(2) 通常，卓越频率与脱空的厚度及脱空面积相关，即脱空越厚则卓越频率越高、脱空面积越大则卓越频率越低。

利用振动法测试结构脱空时，需要分析的相关参数较多(如卓越周期、持续时间等)，而且没有评价的绝对阈值。为了更准确地分析，则采用归一化处理各相关参数，把脱空指数作为评价结构脱空情况的统一指标，即对 i 点的脱空指数 S_i 作如下定义。

$$S_i = \frac{T_{1i}}{\overline{T_1}} \cdot \frac{T_{2i}}{\overline{T_2}} \cdots \frac{T_{Ni}}{\overline{T_N}} \tag{3-10}$$

其中，i 点的第 k 个参数为 T_k，上画线表示均值。通常，脱空指数与脱空的可能性的大小成正比。

4. 冲击回波法(IE)与弹性波雷达(EWR)

与振动法的测试过程基本相同，EWR 沿测试结构对象表面测线方向依次激发弹性波信号，当遇到内部缺陷(空洞、脱空面等)时会产生反射(见图 3-18)。通过分析处理抽取到的反射信号，即得到有无脱空及脱空的深度位置。

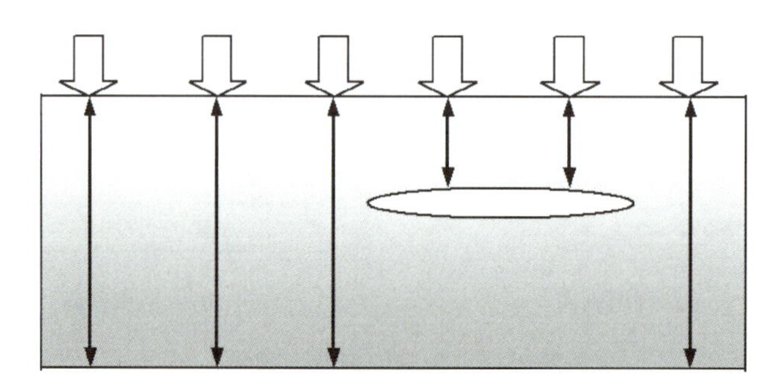

图 3-18　EWR 测试的概念

当被测结构出现完全脱空，激发的弹性波遇到该界面时，其反射率计算见式(3-11)。

$$R = \frac{|z_1 - z_2|}{z_1 + z_2} \tag{3-11}$$

式中，z_1 ——被测结构中的机械阻抗；

z_2 ——脱空位置的机械阻抗，当脱空位置上下面脱离，且面积较大时，$z_2 / z_1 \approx 0$。因此，有 $R \approx 1$，即激发的信号被完全反射。

当脱空上下面有一定的接触，或者脱空面积较小时，显然 $R \approx 1$。

另一方面，脱空面的材质与结构材料不同时，由于该材料表面会发生反射(固有反射率为 R_0)，因此，当 R_0 与 R 接近时，则很难检测出脱空的位置及深度。

例如，土石材料上的混凝土板，其相关参数数值：结构材料密度 ρ_1 为 2.4×10^3 kg/m^3，脱空材料密度 ρ_2 为 2.0×10^3 kg/m^3，结构材料中波速 v_1 为 3.5 km/s，脱空区波速 v_2 为 0.5 km/s，则有 $R_0 = 0.79$ 。

此时，通过计算，材料的反射率与脱空反射率已经十分接近，所以，检测将会比较困难。为了提高对反射信号及反射变化的识别能力，可通过频谱、图像的方法进行处理(见图 3-19)。

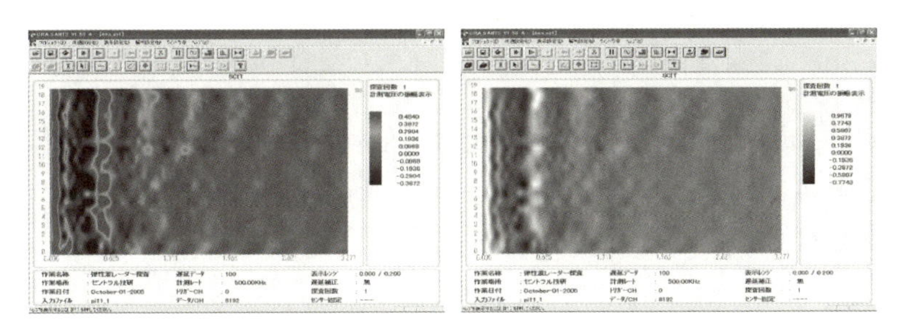

图 3-19 EWR 波形(单一反射、彩色等值线图/浓淡图)

对于构件厚度已知的钢管混凝土、轨道板等的脱空检测,可通过相关设置对反射位置进行焦点扫描,根据扫描图形中反射信号的强弱即可推断脱空的有无。

振动法和 EWR 的测试数据基本相同,因此对于这两个方法测试的数据可根据分析重点分别分析,通过互相校核以达到提高测试精度的目的(见图 3-20)。

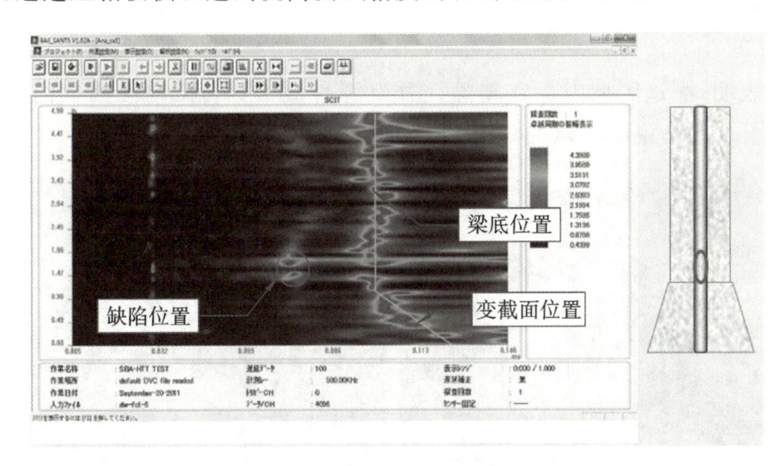

图 3-20 EWR 频谱分析(某一剖面)

5. 弹性波计算机断层扫描(CT)

采用 CT 对钢管混凝土结构进行测试,也是一个可行的方法。

当测线方向与钢管的径向相近时,激振产生的弹性波信号经过钢管的波速快于混凝土中的波速(约 20%),但沿直线路径的距离较沿钢管传播的距离约少 1/3,因此最先到的弹性波信号是通过径向传播的信号。另一方面,当弹性波信号经过脱空位置时,其传播时间显然增加(见图 3-21)。

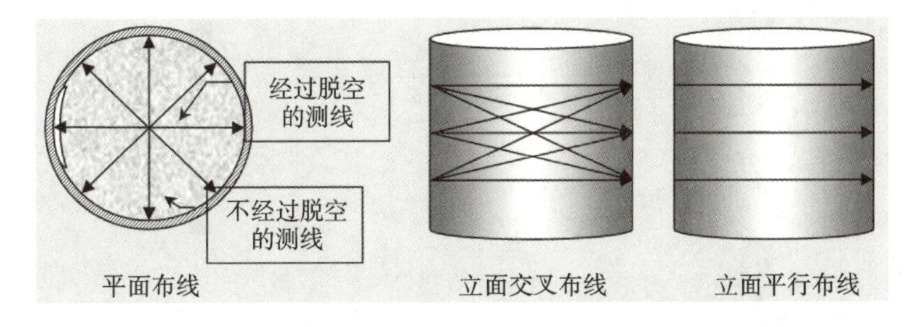

图 3-21 钢管混凝土脱空 CT 测试概念

一般情况下,测线采用平行布线时,测试效率高;由于交叉布线的数目大于平行布线,因此交叉布线定位的精度更高。

6. 雷达法

雷达法虽然对混凝土内部的脱空检测能力一般，但是对于隧道衬砌顶部容易积水且面积较大的地方，测试效果较好。

7. 综合应用实例

1）概述

中铁某局对广珠铁路的某桥梁的钢管混凝土结构进行脱空检测，被测试结构外径85 cm，管壁厚度25 mm，内部有钢管混凝土（C50）。

根据研究确定，对该结构的最低处局部位置进行测试，该位置长度为20 cm。采用弹性波CT和振动法进行测试。为了提高测试效率，首先对钢管混凝土采用弹性波CT进行快速扫描测试（平测），当在测试结果中发现有低速区时，再采用更精确的振动法进行测试，以达到最优的测试效果。

2）测试结果

测试结果表明，测试区域内存在缺陷。并且弹性波CT和振动法测试的结果吻合较好（见图3-22至图3-24），说明测试的准确度高。

图3-22　测试对象及试验情景

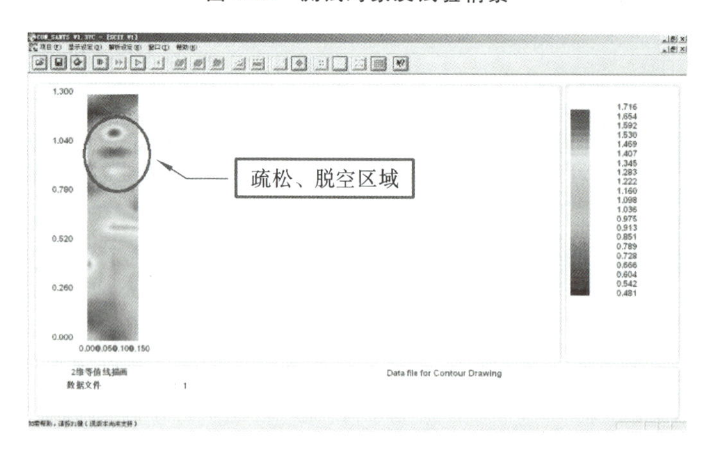

图3-23　弹性波CT测试结果

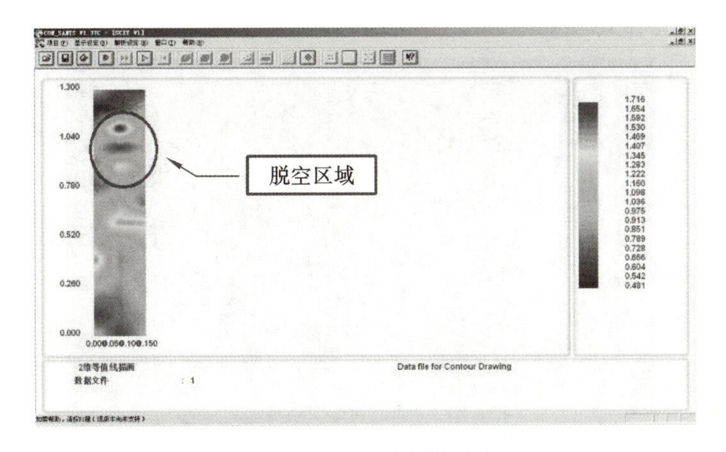

图 3-24　振动法脱空检测结果

3.3.2　混凝土内部缺陷检测

1. 概述

混凝土结构在施工期间或运行期间因振捣、应力不均衡等问题影响，混凝土内部会出现空洞、蜂窝或材质疏松、裂缝、剥离等现象。这类缺陷将直接影响结构的强度、耐久性、防渗性等，同时也会影响结构的承载力，最终影响结构的安全运行。因此对该类缺陷进行必要的检测显得尤为重要。

根据检测作业面的情况不同，检测方法包括适合单面检测的反射法和适合双面检测的透射法；根据检测媒介的不同，检测方法分为冲击弹性波、超声波、雷达等方法。

2. 单面反射法

目前，对于单面结构的检测中，一般只能采用单面反射法进行检测，对于内部结构复杂的混凝土结构，比较有效的检测方法为冲击回波法(IE)。因此，本节中主要介绍利用该方法对结构内部缺陷进行检测。近年来，超声波法、雷达法在检测混凝土内部缺陷方面也发展迅速，应用越来越广泛，这里也将加以叙述。

1) *冲击回波法*

利用该方法对混凝土内部缺陷的检测与脱空的测试原理、测试方法和设备完全相同，在此不再叙述。此外，该方法能够准确分析缺陷处的反射信号，对于出现厚度连续变化的板式构件，还可以利用板底部反射时间的变化状况来测试混凝土结构内部的各种缺陷(也称为“等效波速法”)。

2) *检测实例*

对某高铁的无砟轨道基床底部出现的脱空进行检测，为了说明测试结果的可靠性，对测试结果进行了相关验证。从测试结果和验证可以看出，采用 EWR 对结构进行检测，可以准确检测出脱空的位置。现场测试场景如图 3-25 所示，EWR 分析图(标准模式)如图 3-26 所示。

3) *超声波法和雷达法*

由于混凝土的内部结构复杂，包括粒径不同的骨料、钢筋等。利用超声波对混凝土结构进行检测时，超声波的高频信号遇到骨料及钢筋时会产生散射现象，因此几乎不能对混凝土

图 3-25 现场测试场景

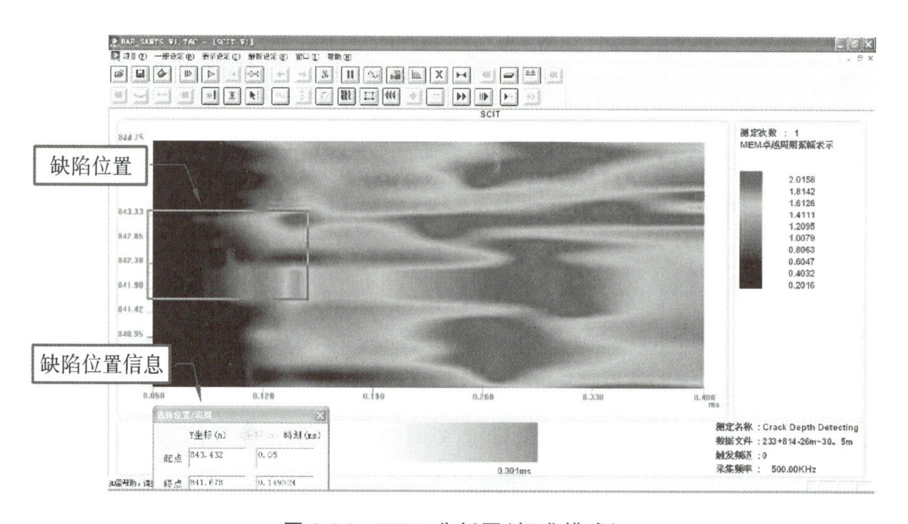

图 3-26 EWR 分析图(标准模式)

的内部缺陷进行检测。但近年来,出现了基于相阵列的超声波检测方法,该方法通过多点激发及多点接收的方式,并结合数字成像的方法对信号进行处理,大幅提高了对缺陷的识别能力。

同样,雷达法也具有这样的特性,因此一般频率的微波对于混凝土缺陷比较钝感,但采用超高频的天线可提高对缺陷的识别能力。

3. 双面透射法

双面透射法(也称对测法),要求被测结构至少具有两个可测试面,测试媒介可以穿透结构内部,因此可有效测试结构的内部缺陷。其分类可以按照检测媒介、检测面的位置和测线的分布等方面进行划分。

(1) 检测媒介:冲击弹性波、超声波等。

(2) 检试面的位置:自然外露面、孔内。

(3) 测线的分布:平行测线、交叉测线。

在此,分别对以上分类进行叙述。

1）基本原理

测试的基本原理如下。

（1）目前对缺陷最主要和最基础的识别方法是根据传播时间的变化来确定缺陷位置，该变化主要由信号波途经混凝土缺陷时产生的绕射引起。

（2）可通过判断接收换能器接收到信号波在缺陷界面产生的散射和反射引起的能量（波幅）衰减程度，来判断缺陷的性质和大小。

（3）根据接收信号在缺陷界面出现不同程度的衰减引起主频或频率谱的变化来判断缺陷情况。

（4）根据经过不同路径和不同相位信号叠加后引起接收信号的畸变，来判断缺陷的情况。

当混凝土结构的内部质量、组成材料、工艺条件、测试距离基本固定时，各测点接收信号的声学参数（传播速度、首波幅度、接收信号主频等）一般没有明显差异。如果混凝土的某些部分存在缺陷（空洞、不密实或裂缝等），使混凝土结构的整体性遭到破坏，测试信号通过该处时，与健全混凝土相比较，其传播时间明显偏长，波幅和频率明显降低。根据这一现象，对相同条件下的混凝土的波速、波幅和主频测量值进行比较，从而判断混凝土的缺陷情况。

2）超声波和冲击弹性波

双面透射法检测混凝土内部缺陷的方法比较如表 3-9 所示。

表 3-9　双面透射法检测混凝土内部缺陷的方法比较

项目	参数		超声波	冲击弹性波
激振信号	激励方式		电气振动	打击等
	能量		相对较小	相对较大
	频率		短（频率高）	长（频率低）
分辨能力	微小缺陷		识别能力强	识别能力弱
	受钢筋、骨料影响		较大	小
检测项目	检测距离		0.1～1 m	0.5～100 m
	耦合	外露面	黄油、凡士林	人工压着
		孔内	水	气囊等机械式压着

通过对比发现，冲击弹性波适合测试距离较长或测试面向上的结构。而超声波法则适合距离较短、微小缺陷的检测。

3）自然外露检测面与孔内检测面

被测结构符合测试距离要求时，且自然外露，直接作用于外露面的检测是最简单的方法。当测试面不存在上述外露面时，可以通过在结构中钻孔到达相应的检测面。

自然外露检测和孔内检测的不同主要体现在耦合方式、激发和接收方式的不同。

（1）耦合方式。

无论超声波还是冲击弹性波，传感器（换能器）与被测体表面的耦合状况都对测试结果有较大的影响。若被测结构的测试面受压不均匀、凹凸不平、黏附泥砂，便会使得传感器接收面与被测结构表面不能达到完整的面接触，导致弹性波/超声波的接收能量降低，进而导致测试精度的降低。其中，超声波由于能量较小，因此耦合方式显得更为重要，必须采用凡士林、黄油等涂抹被测体表面。在孔内测试时，一般则采用清水耦合。此外，弹性波的测试可以采用干耦合，即不需要涂抹耦合剂，但要保证接触良好，可以采用专门的传感器支座。

(2) 激发和接收方式。

采用超声波对混凝土结构外露面进行检测时，应采用厚度振动式换能器。而对基桩进行跨孔声测时则需要采用径向振动式换能器，用以发射沿径向传播的超声波。利用冲击弹性波进行自然外露检测和孔内检测时，可采用人工或者电磁的方式通过敲击被测体表面产生弹性波信号。由于孔内检测时，采用无水耦合和激振，因此冲击弹性波非常适合向上的各个方向的缺陷检测。

4) 平行测线与交叉测线

平行测线又可分为对向平行测线和斜向平行测线(见图 3-27)。其中，在数据分析时，平行测线的分析较为简单，测试效率较高。采用对向平行测线时，信号的质量最好，如果被测结构中出现与测线平行的测试面时，出现缺陷漏测的可能性很大。斜向平行测线则与对向平行测线相反。

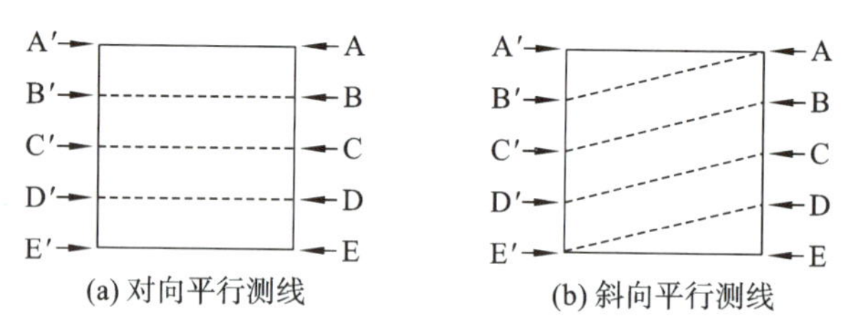

图 3-27 冲击弹性波双面透射测试示意

交叉测线的测试方法比较全面，但效率较低，采用的分析方法也较为复杂，需要采用分析方法进行反演，如 CT 等。

5) 测试参数与分析方法

目前，对混凝土进行检测时，弹性波方法的参数包括波速、波幅、频率以及波形，其中，最重要的参数为波速。而对于超声波检测，由于其激发的超声波信号稳定性较好，因此接收信号中的波幅也可作为分析的参数之一。

一般情况，利用波幅表征信号的强弱，用于测试混凝土结构的声波也不例外。目前，对混凝土结构进行测试时，一般采用分贝来表示波幅，对测点首波信号峰值(a)与某一固定信号量值(a_0)的比值取对数即是测点波幅分贝(A)值，表示为 $A=20\ \lg(a/a_0)$。采用冲击弹性波测试混凝土结构时，还可以用弹性波速推算出的混凝土强度作为参考判据。

3.4 混凝土裂缝检测

3.4.1 混凝土裂缝成因及种类

裂缝是钢筋混凝土结构中常见的、较难避免的现象。裂缝成因、种类很多，如按裂缝形成时间分为施工期和使用期裂缝，按裂缝发展趋势分为稳定与不稳定裂缝。下面仅对结构性裂缝和非结构性裂缝进行简要说明。

1. 结构性裂缝

结构性裂缝指混凝土实体出现长度较长、宽度较宽、面积较大、影响结构安全的裂缝(见图3-28～图3-30)。

图3-28 院墙不均匀沉降裂缝

图3-29 公路桥梁底板裂缝

图3-30 房间设计承载力不足裂缝

产生原因如下。

(1) 设计原因引起,如计算简图与实际受力情况不符产生的裂缝。

(2) 施工原因引起,如模板支护不当在构件中产生的裂缝。

(3) 使用原因引起,如火灾等事故引起的裂缝。

2. 非结构性裂缝

由各种变形变化引起的裂缝,非结构性裂缝在混凝土实体裂缝中占了绝大多数,约为80%。

(1) 收缩裂缝。

收缩裂缝是由湿度变化引起的,它是混凝土非结构性裂缝中的主要部分。

工程中常见的收缩裂缝主要有塑性收缩裂缝、沉降收缩裂缝和干燥收缩裂缝三类。此外还有自身收缩裂缝和碳化收缩裂缝等。

(2) 温度裂缝。

温度裂缝是混凝土受温度变化产生热胀冷缩现象,材料内部应力分布不均匀、温度应力超过混凝土的抗拉强度时而产生的裂缝。这种裂缝在大体积混凝土中常见。

(3) 沉降裂缝。

地基基础承载力不均匀或地基基础承载力均匀,但建筑物建成后各不同部位荷载差异较大,导致地基产生不均匀沉降裂缝。

3. 裂缝按形状分类

(1) 纵向裂缝:多数平行于混凝土构件底面,顺筋分布,主要由钢筋锈蚀作用引起(见图3-31)。

(2) 横向裂缝:垂直于构件底面,主要是由荷载作用、温差作用引起的(见图3-32)。

(3) 剪切裂缝:主要是由于竖向荷载或震动位移引起的。

(4) 斜向裂缝、八字形或倒八字形裂缝:常见于混凝土墙体和混凝土梁,主要由地基的不均匀沉降以及温差作用引起。

(5) X形裂缝:常见于框架梁、柱的端头以及墙面上,由瞬间的机械撞击作用或者震动荷载作用引起(见图3-33)。

(6) 各种不规则裂缝:如反复冻融或火灾等引起的裂缝。此种裂缝中间宽并且贯通,两头深度较浅,多发生于混凝土楼板(见图3-34)。

图 3-31 纵向裂缝

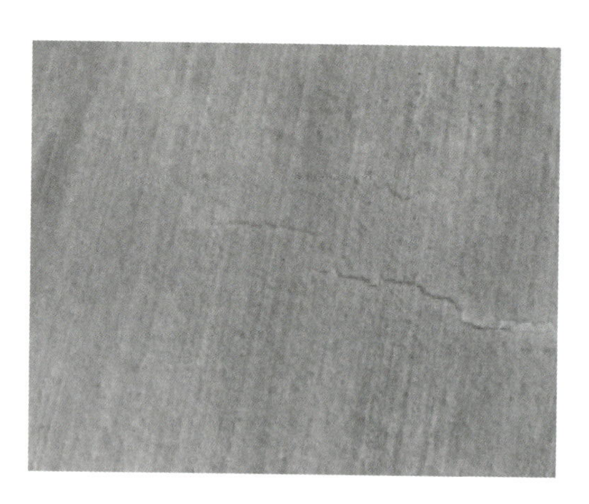

图 3-32 横向裂缝

图 3-33 X 形裂缝

图 3-34 不规则裂缝

此外，还有因混凝土搅拌或运输时间过长引起的网状裂缝，现浇楼板四角出现的放射状裂缝或板面出现的十字形裂缝等。

3.4.2 裂缝的危害

(1) 影响结构承载力和使用安全性，如大坝裂缝。

(2) 影响结构的防水性，如房屋裂缝。

(3) 影响结构的耐久性和使用寿命，如化学侵蚀、冻融循环、碳化、钢筋锈蚀、碱集料反应等都会对混凝土结构产生破坏功能，缩短混凝土使用寿命。

3.4.3 裂缝检测方法

混凝土裂缝检测的原则为“三度、一向、力大小”。“三度”指长度、宽度、深度；“一向”指裂缝发展方向；“力大小”指引起裂缝的应力大小。

由于长度检测较为简单[通常使用长度工具(如钢尺、卷尺)即能解决]，在此不再赘述，仅对“二度”“一向”“力大小”作介绍。

1. 裂缝宽度测试

工程上，目前最常用裂缝宽度测试方法如下。

1）读数显微镜

裂缝宽度的测量常用读数显微镜，它是由光学透镜与游标刻度等组成的复合仪器。其最小刻度值要求不大于0.05 mm（见图3-35）。

2）塞尺

用印刷有不同宽度线条的裂缝标准宽度板（裂缝卡）与裂缝对比测量，或用一组具有不同标准厚度的塞尺进行试插对比，刚好插入裂缝的塞尺厚度，即裂缝宽度（见图3-36）。使用较简便，能满足一定要求。

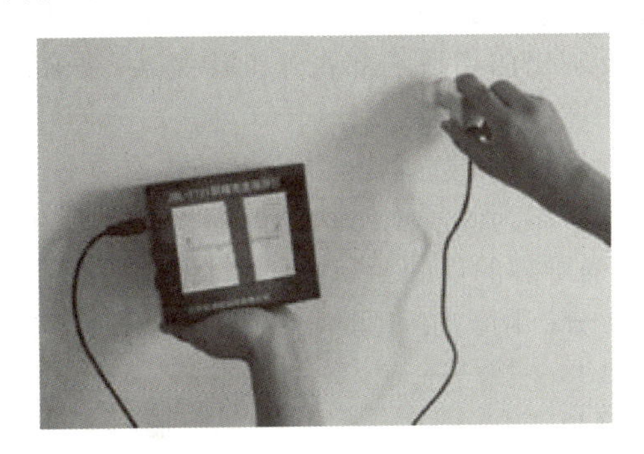

图3-35 显微镜测裂缝宽度

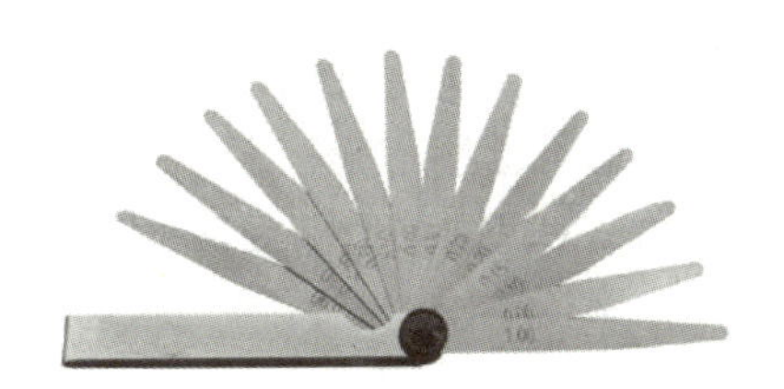

图3-36 塞尺测裂缝宽度

2. 裂缝方向、应力的测试

1）光纤裂缝传感器

Ansari使用环形光纤测量了混凝土梁试件裂缝的宽度，其原理为环形光纤传输的光是裂缝增长引起光传播波动的函数。Christopher等提出了一种新型分布式光纤传感器，可用于检测混凝土结构物裂缝，其优点是无须事先知道裂缝的方向，只要裂缝方向与光纤斜交，就能感知裂缝的存在，并对影响感知初始裂缝宽度的因素（缝与光纤的夹角）和光损耗同缝宽的关系进行了详细研究，光纤传感器示意如图3-37。

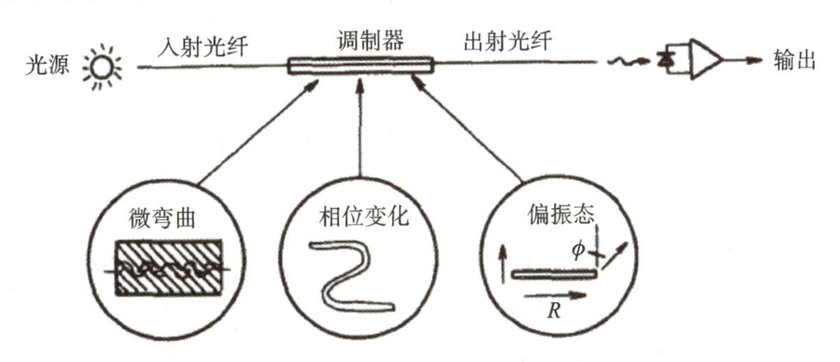

图3-37 光纤传感器示意

2）斜交光纤传感网络图

光纤在粘贴到混凝土结构表面或埋入混凝土结构内部时，光纤与裂缝成一定的角度（因为混凝土结构可能产生的裂缝方向是可以预知的）。光从光纤的一端注入，用光时域反射计（OTDR）探测光纤内部各点的损耗及位置。在裂缝形成前，OTDR探测到的损耗曲线基本上是平坦的，一旦产生裂缝，埋入混凝土中的光纤就会弯曲，部分光从纤芯中出来形成损耗。由于裂缝造成的损耗使OTDR探测到的后向散射信号有一个突降，因此根据损耗的大小可以确定裂缝的宽度，由光纤上损耗点的位置就可以确定裂缝的位置。

3）碳纤维智能层传感器

武汉理工大学李卓球教授采用碳纤维智能层作为传感器(见图3-38)并利用其功能特性与可覆盖性，将其铺设到结构表面，碳纤维智能层在被测结构与碳纤维智能层之间建立一个敏感场，碳纤维智能层将被测结构中不易检测的力场转换为易于检测的电场，通过检测电场来反映结构受载后应力、应变的变化情况(见图3-39)。湖北工业大学邓友生教授在结构裂缝的检测试验中，通过电阻变化率反映出的切口端部张开位移关系，来确定结构裂缝的宽度。

图3-38　碳纤维智能层示意

碳纤维智能传感器与混凝土结构有良好相容性，能有效地将应变场响应转化为易于检测的电场。作为混凝土结构的无损检测手段，碳纤维智能传感器能对混凝土结构的裂缝宽度作出准确可靠的反映，可以及时对结构进行监控，为工程隐患的排除提供准确的信息，其应用前景十分广阔。

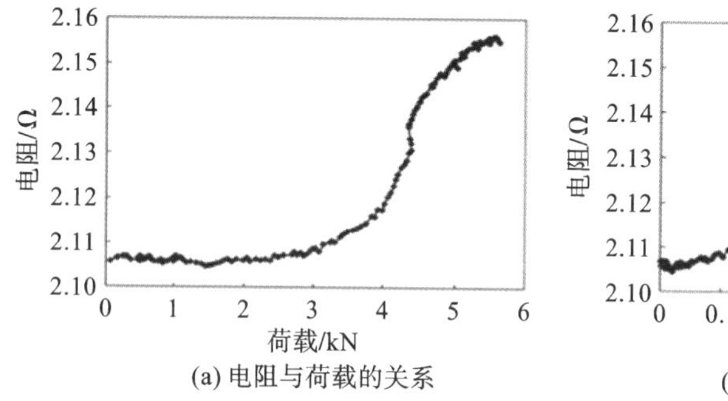

(a) 电阻与荷载的关系

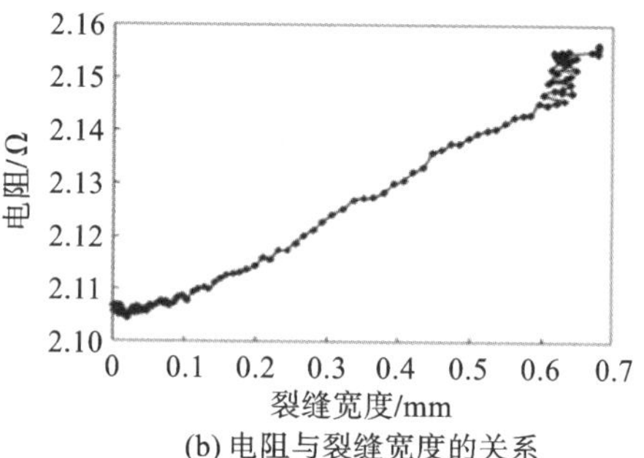

(b) 电阻与裂缝宽度的关系

图3-39　裂缝宽度与电阻关系示意

4）导电漆膜法

1975年美国BLH公司研制了一种用导电漆膜来发现裂缝的方法，它是将一种小阻值的弹性导电漆，涂在经过清洁处理的混凝土表面，涂成长度100～200 mm，宽5～10 mm的条带，待干燥后接入电路。当混凝土裂缝宽度达到0.001～0.004 mm时，由于混凝土受拉，因而拉长的导电漆膜就会出现火花直至烧断。导电漆膜电路被切断后还可以继续用肉眼进行观察。

5）光弹贴片法

光弹贴片是在试件表面牢固地粘贴一层光弹薄片，当试件受力后，光弹薄片同试件共同变形，并在光弹薄片中产生相应的应力。若以偏振光照射，由于试件表面事先已经加工磨光，具有良好的反光性，因而当光穿过透明的光弹薄片后，经过试件表面反射，又第二次通过薄片而射出，若射出的光经过分析镜，最后可在屏幕上得到应力条纹。光弹贴片法试验装置示意如图3-40所示。

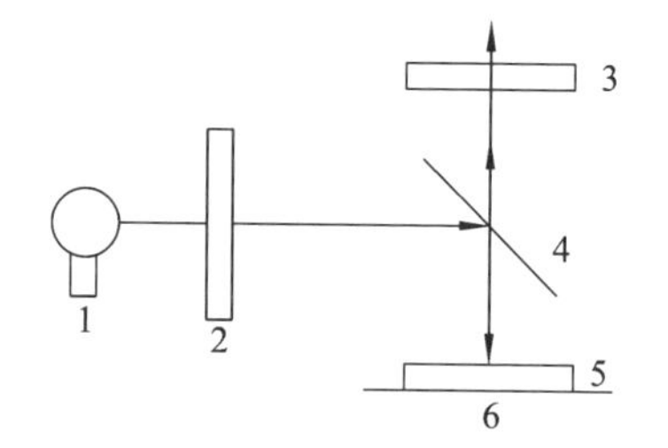

图3-40　光弹贴片法试验装置示意

1—光源；2—λ/4偏振片；3—λ/4分析片；4—分光镜；5—贴片；6—试件

6）脆漆涂层法

脆漆涂层是一种在一定拉应变下即开裂的喷漆。涂层的开裂方向正交于主应变方向，从而可以确定试件的主应力方向。脆漆涂层具有很多优点，可用于任何类型结构的表面，而不受结构材料、形状及加载方法的限制。但脆漆涂层的开裂强度与拉应变密切相关，只有当试件开裂应变小于涂层最小自然开裂应变时脆漆涂层才能用来检测试件的裂缝。

3. 裂缝深度检测方法

裂缝深度检测方法按混凝土实体的影响分为无损检测和有损检测两大类。

1）相位反转法

当激发的弹性波（包括声波、超声波）信号在混凝土内传播，穿过裂缝时，在裂缝端点处产生衍射，其衍射角与裂缝深度具有一定的几何关系。相位反转法正是根据衍射角与裂缝深度的几何关系，来对裂缝深度进行快速测试。将激振点与接收点沿裂缝对称配置，从近到远逐步移动。当激振点与裂缝的距离 L 与裂缝深度 H 相近时，接收信号的初始相位会发生反转。相位反转法原理如图 3-41 所示。

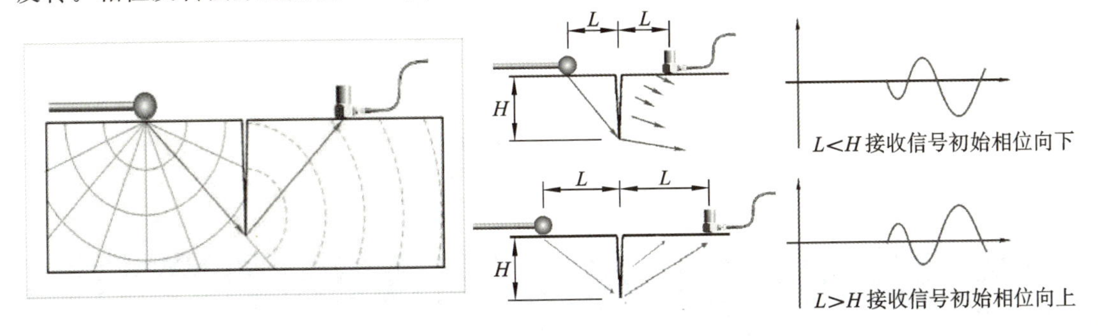

图 3-41　相位反转法原理

相位反转法只用移动冲击锤或换能器，确定首波相位反转临界点，就可确定混凝土的裂缝深度。与其他混凝土裂缝深度检测方法相比，相位反转法具有无须公式计算且简单直观的特点，有较高的实用价值。

2）传播时间差法

传播时间差法适合检测混凝土结构物中的开口裂缝，其测试原理是激励产生的弹性波遇到裂缝时，波被直接隔断，并在裂缝端部衍射通过。本方法通过测试波在有裂缝位置和没有裂缝位置的传播时间差来推定裂缝深度。裂缝深度越大，传播时间差也越长。传播时间差法如图 3-42 所示。

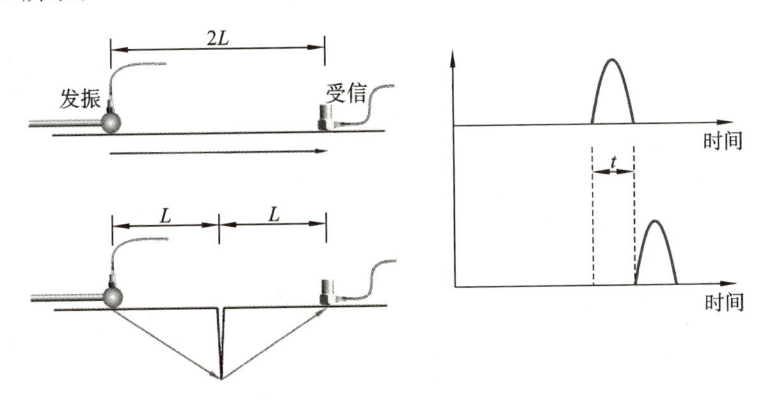

图 3-42　传播时间差法

传播时间差法可以分为平测法和斜测法。

（1）平测法。

将超声波发射探头与接收探头安装在构件表面裂缝同一侧，用直尺测量发射与接收探头的直线距离 L（精确到 mm），测得发射到接收超声波的声时 T，根据 $V=L/T$ 计算出无裂缝部位的混凝土的声速 V。然后将超声波发射探头与接收探头等距离分别放置在裂缝两侧，测量发射探头到接收探头之间距离 L，检测超声波从发射到接收的声时 T，根据第一步计算出的混凝土波速 V，再次计算裂缝两侧发射探头到接收探头的距离，然后根据式（3-12）计算裂缝深度（见图 3-43）。

$$D=\frac{L}{2}\sqrt{\left(\frac{VT}{L}\right)^{2}-1} \tag{3-12}$$

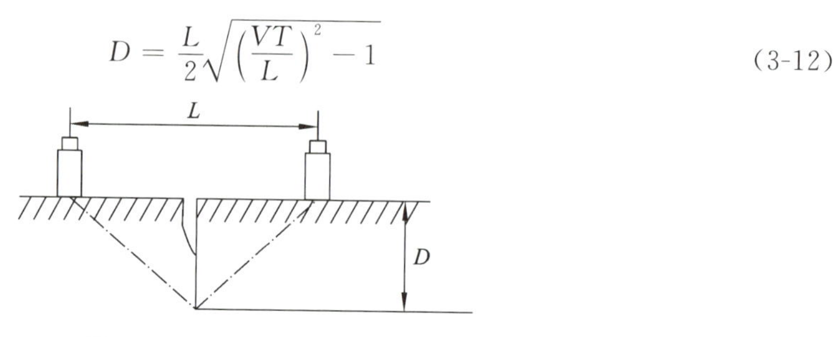

图 3-43 超声波平测法示意

工程案例

湖北某高速公路的某标悬索桥锚墩大体积混凝土表面出现裂缝，缝宽 0.2 mm，缝长 105 cm，缝深不详。检测人员使用超声波探测缝深，在裂缝两侧等距离（T 至 R 探头直线距离 60 cm）布置收发探头（见图 3-44），依次测得声时：$A_1-A_1'=150$ μs，$A_2-A_2'=147$ μs，$A_3-A_3'=155$ μs，$A_4-A_4'=168$ μs，$A_5-A_5'=157$ μs，$A_6-A_6'=160$ μs。同样方法在无裂缝处一侧测得波速为 4100 m/s，求最大缝深。

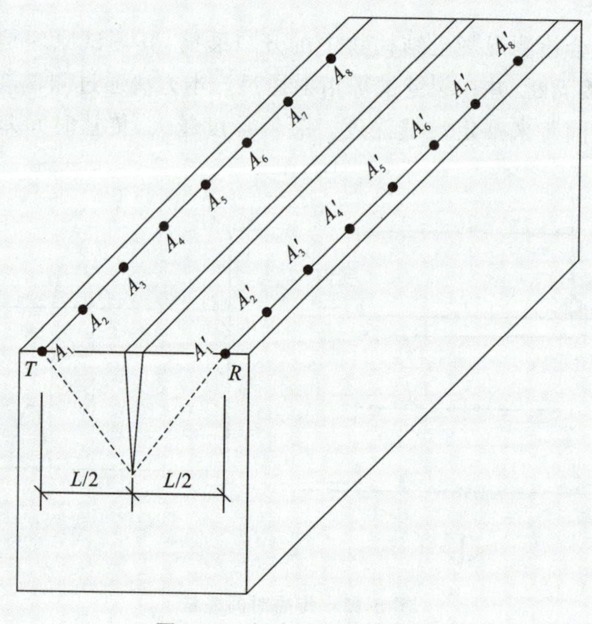

图 3-44 超声波测裂缝示意

解：

根据式(3-12)得：

$$D_4=\frac{L}{2}\sqrt{\left(\frac{VT}{L}\right)^2-1}=\frac{0.6}{2}\sqrt{\left(\frac{4100\times168\times10^{-6}}{0.6}\right)^2-1}=0.169\ (\mathrm{m})$$

由于 D_4 处声时值最大，因此，该处为最大缝深，即最大缝深为 16.9 cm。

平测法检测裂缝深度时，由于不是利用超声波纵波的传播，接收信号的质量比对测时要差。为提高测试精度，需改变探头安装位置进行测试，检测结果会在一定范围内变化，可以对不同的波速取平均值。

(2) 斜测法。

对于钢筋混凝土梁上面出现的裂缝进行检测时，可以将发射探头和接收探头分别安装在梁的两个侧面，采用斜测法检测裂缝深度。如图 3-45 所示，共布置 5 对测点，其中，1 号测点的传播路径上没有裂缝，而超声波沿 2 号测点路径传播时遇到裂缝，声波发生绕射，3 号测点的绕射距离更长，根据接收信号，就可以判断裂缝的深度。

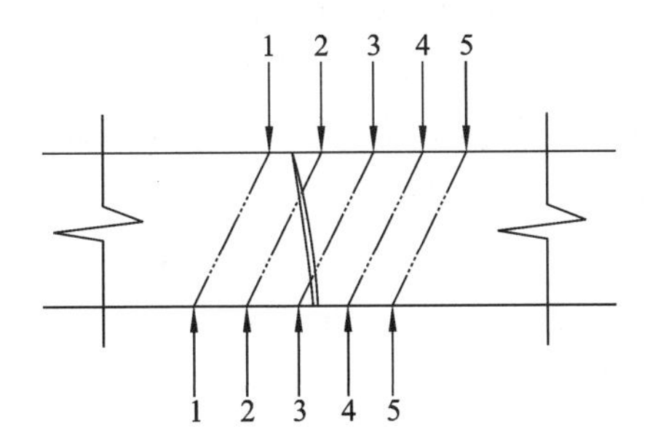

图 3-45 超声波斜测法示意

3) 面波法

面波法采用瑞利波的衰减特性，来测试混凝土构造物中的裂缝深度。该方法测试范围大，受充填物、钢筋、水分的影响小，特别适合测试较深的裂缝(见图 3-46、图 3-47)。

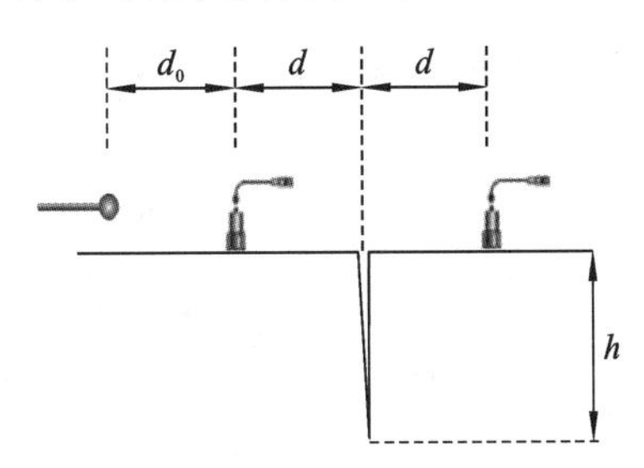

图 3-46 面波法测试裂缝深度示意

(1) 面波法的基本原理。

瑞利波是由于 P 波和 S 波在构造物边界面上相互作用而形成，其传播速度比 S 波稍慢，并主要集中于构造物表面和浅层部分，利用此特点探测裂缝深度，测试效果较理想。此外，面波法的测试特点如下。

①瑞利波在构造物表面受冲击所产生的弹性波中，能量最大，信号采集容易。

②瑞利波大部分能量主要集中在从表面开始的 1 倍波长的范围内。

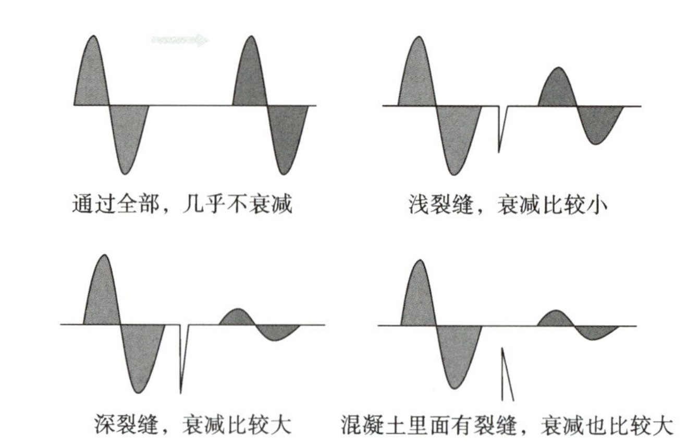

图 3-47　面波在混凝土中的传播特性

③依赖于材料的剪切力学特性，从而对裂缝更为敏感。

(2) 面波法测试裂缝深度的计算。

瑞利波在传播过程中会发生的几何衰减和材料衰减，可以通过系统补正，而保持其振幅不变。但是，瑞利波在遇到裂缝时，其传播在某种程度上被遮断，通过裂缝后波的能量会减少且振幅会下降。因此，根据裂缝前后的波的振幅的变化(振幅比)，便可以推算裂缝深度。根据试验资料和理论分析结果，有式(3-13)。

$$H=-0.7429\lambda\ln(x) \tag{3-13}$$

式中，H、λ 和 x 分别为裂缝深度、面波波速和裂缝出现后/前的振幅比(需经几何衰减修正)。

(3) 面波法的优缺点。

①面波法测试裂缝的范围很大，可达几米，受充填物、水分的影响较小，测试精度高。

②不适合狭窄结构测试，因为面波受边界条件(侧壁、边角等)的影响较大。

③有剥离的场合，会引起板波出现和振动，导致测试误差大。

4) 裂缝深度检测方法对比

裂缝深度检测无论是采用标准方法还是非标准方法，都存在一定的优缺点，裂缝深度测试方法比较如表 3-10 所示。

表 3-10　裂缝深度测试方法比较

方法	传播时间差法	相位反转法	面波法
弹性波的种类	P/S 波	P 波	R(瑞利)波
弹性波的成分	初始成分		卓越成分
基本测试原理	传播时间的迟延	初始相位的反转	瑞利波的衰减
测试原理的严密性	比较严密		半理论半经验
弹性波波速	必要	不必	需要
裂缝填充物的影响	大		小
钢筋的影响	大		小(可修正)
裂缝面压力的影响	大		小
测试对象厚度的影响	小		小

续表

方法	传播时间差法	相位反转法	面波法
测试对象背面状况的影响	小		小
适用裂缝	浅裂缝、开口裂缝		深裂缝
测试面的形状	灵活		平坦、规则

3.4.4 裂缝工程技术评价

对裂缝的工程技术评价，多从裂缝长、宽、深三维度和对混凝土实体工程影响程度等方面进行评价，公路交通、水利水电、房建建筑等行业标准各不相同，下面仅以水利水电部门为例，列出一般大体积素混凝土裂缝分类及评判标准，如表 3-11 所示，钢筋混凝土裂缝分类评判标准如表 3-12 所示。

表 3-11　大体积素混凝土裂缝分类及评判标准

类别	层位	三维度	形状	主要原因	工程影响
Ⅰ类	表面	一般缝宽 $\delta<0.2$ mm，缝深 $h\leqslant30$ cm	龟裂或呈细微规则状	多由于干缩、沉缩所产生	对结构应力、耐久性和安全基本无影响
Ⅱ类	表面浅层	一般缝宽 0.2 mm$\leqslant\delta<0.3$ mm，缝深 30 cm$<h\leqslant100$ cm，平面缝长 3 m$<L<5$ m	规则状	多由于气温骤降期温度冲击且保温不善等产生	视裂缝所在部位对结构应力、耐久性和安全运行有一定程度影响
Ⅲ类	表面深层	缝宽 0.3 mm$\leqslant\delta<0.5$ mm，缝深 100 cm$<h\leqslant500$ cm，缝长大于 500 cm，或平面大于等于三分之一坝块宽度，侧面大于 1～2 个浇筑层厚	规则状	多由于内外温差过大或较大的气温骤降冲击且保温不善等产生	对结构应力、稳定、耐久性和安全有较大影响
Ⅳ类	表面深层	缝宽 $\delta>0.5$ mm，缝深大于 500 cm，侧（立）面长度 $h>500$ cm，若从基础方向开裂，且平面上贯穿全仓，则称为基础贯穿裂缝，否则称为贯穿裂缝	规则状	由于基础温差超过设计标准，或在基础约束区受较大气温骤降冲击产生的裂缝在后期降温中继续发展等原因而产生	使结构受力、耐久性和稳定安全系数降到临界值或以下

表 3-12　钢筋混凝土裂缝分类评判标准

类别	层位	缝宽 δ	缝长 L	缝深 h
Ⅰ类	表面	$\delta<0.20$ mm	50 cm$\leqslant L<100$ cm	$h\leqslant30$ cm
Ⅱ类	表面	0.2 mm$\leqslant\delta<0.3$ mm	100 cm$\leqslant L<200$ cm	30 cm$<h\leqslant100$ cm，且不超过结构厚度 1/4

续表

类别	层位	缝宽 δ	缝长 L	缝深 h
Ⅲ类	表面	$0.3\ \text{mm} \leqslant \delta < 0.4\ \text{mm}$	$200\ \text{cm} \leqslant L < 400\ \text{cm}$	$100\ \text{cm} < h \leqslant 200\ \text{cm}$，或大于结构厚度 1/2
Ⅳ类	表面	$\delta > 0.4\ \text{mm}$	$L \geqslant 400\ \text{cm}$	$h \geqslant 200\ \text{cm}$ 或基本将结构裂穿（大于 2/3 结构厚度）

3.5 钢筋布置检测

3.5.1 钢筋布置检测意义

素混凝土加入钢筋后，克服了素混凝土耐压不耐拉的缺陷。钢筋在公路桥梁桩基、墩柱、梁板以及混凝土建筑物中，其粗细、长短、间距、保护层厚度经设计者精心计算及布置，起主心骨或“主筋”作用。钢筋间距检测相当于对钢筋混凝土进行了一次“骨密度”体检和体能测试。

3.5.2 钢筋布置检测内容

按现行的混凝土中钢筋检测技术规程等的要求进行检测，检测内容包括钢筋粗细、间距、保护层厚度等。

3.5.3 钢筋布置检测原理

如图 3-48 所示，根据电磁场理论，传感器线圈是磁偶极子，当信号源供给交变电流时，它向外界辐射出电磁场；钢筋是一个电偶极子，它接收外界电场，从而产生大小沿钢筋分布的感应电流。钢筋的感应电流重新向外界辐射出电磁场(即二次磁场)，使原激励线圈产生感生电动势，从而使传感器线圈的输出电压产生变化，钢筋探测仪正是根据这一变化来确定钢筋所在的位置及其保护层厚度。钢筋探测仪在钢筋的正上方时，线圈的输出电压受钢筋所产生的二次磁场的影响最大。因此在测试中，探头移动的过程中，可以自动锁定这个受影响最大的点，即信号值最大的点，再根据保护层厚度和信号之间的对应关系得出厚度值。

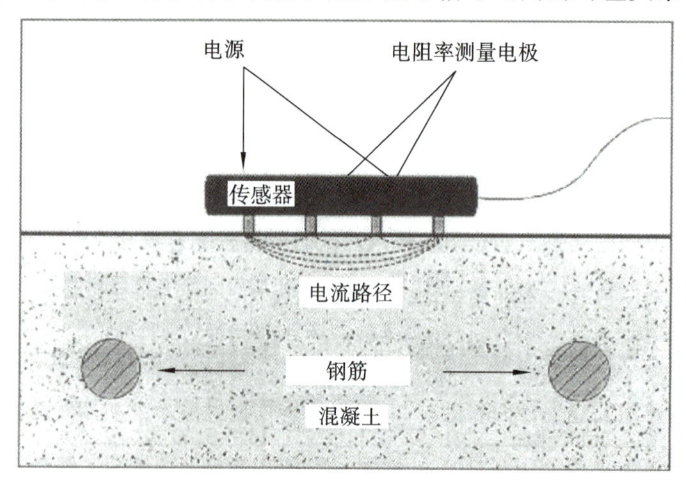

图 3-48　混凝土中钢筋检测电磁法原理

3.5.4 钢筋布置检测构件选取及测点数量要求

钢筋保护层厚度检验的结构部位，应由监理（建设）、施工等各方，根据结构构件的重要性共同选定。

对梁类、板类构件，应各抽取构件总量的2%且不少于5个构件进行检验，当有悬挑构件时，抽取的悬挑梁类、板类构件所占比例均不宜小于50%。

对选定的梁类构件，应对全部纵向受力钢筋的保护层厚度进行检验；对选定的板类构件，应抽取不少于6根纵向受力钢筋的保护层厚度进行检验。对每根钢筋，应在有代表性的部位测量1点。钢筋间距、粗细、厚度检测如图3-49所示。

图3-49 钢筋间距、粗细、厚度检测

3.5.5 钢筋布置检测步骤

（1）资料收集。

①工程名称及建设、设计、施工、监理单位名称。

②结构或构件名称以及相应的钢筋设计图纸资料，尤其要查钢筋保护层设计要求并在原始记录中注明清楚。

③混凝土是否采用带有铁磁性的原材料配制。

④待检的结构构件中是否有预留管道、金属预埋件等。

（2）根据钢筋设计资料，确定检测区域内钢筋可能分布的状况，选择适当的检测面。检测面应清洁、平整，并应避开金属预埋件、钢筋接头和绑丝，钢筋间距应满足钢筋探测仪的检测要求。

（3）设定好范围及钢筋直径，沿垂直于被测钢筋轴线方向移动探头（注意选择相邻钢筋影响较小的位置）。首先粗略扫描，在听到报警声后往回平移探头，尽量放慢速度（探头前进速度不得超过20 mm/s），且听到第二次声音报警时，信号值会发生变化，如此往复直至保护层厚度值最小，读取指示的保护层厚度，此时探头中心线与钢筋轴线应重合，在相应位置做好标记。每根钢筋的同一位置重复检测2次。按上述步骤将相邻的其他钢筋位置逐一标出。

（4）同一位置读取的2个保护层厚度值相差大于1 mm时，应检查仪器是否偏离标准状态并及时进行调整（如重新调零）。不论仪器是否调整，其前次检测数据均舍弃，在该处重新进行 2 次检测并再次比较，如 2 个保护层厚度值相差仍大于 1 mm，则应该更换检测仪器或采用钻孔、剔凿的方法核实。

(5) 当实际的保护层厚度小于仪器最小示值时，可以采用附加垫块的方法进行检测。垫块对仪器不应产生电磁干扰，表面光滑平整，其各方向厚度值偏差不大于 0.1 mm。所加垫块厚度在计算时应予以扣除。

(6) 检测钢筋间距时，应将连续相邻的被测钢筋位置一一标出，不得遗漏，测试的范围不少于 1.5 m 且不宜少于 7 根钢筋，分别量出相邻钢筋的间距，取其平均值作为所测钢筋间距的代表值。

(7) 遇到下列情况之一时，应选取至少 30%的钢筋且不少于 6 处(当实际检测数量不足 6 处时应全部抽取)，采用钻孔、剔凿等方法核实。

①仪器要求钢筋直径已知方能确定保护层厚度，而钢筋实际直径未知或有异议。

②钢筋实际根数、位置与设计有较大偏差。

③采用具有铁磁性原材料配制的混凝土。

④构件饰面层未清除的情况下检测钢筋保护层厚度。

⑤钢筋以及混凝土材质与校准试件有显著差异。

⑥认为相邻钢筋对检测结果有影响。

(8) 钻孔、剔凿的时候不得损坏钢筋，实测采用游标卡尺，量测精度为 0.1 mm。

3.5.6 数据处理及结果判定

1. 一般要求

(1) 钢筋保护层厚度检验时，纵向受力钢筋保护层厚度的允许偏差，对梁类构件为 −7 mm～+10 mm；对板类构件为 −5 mm～+8 mm。

(2) 对梁类、板类构件纵向受力钢筋的保护层厚度应分别进行验收。

(3) 结构实体钢筋保护层厚度验收合格标准应符合下列规定。

①当全部钢筋保护层厚度检验的合格点率为 90%及以上时，钢筋保护层厚度的检验结果应判为合格。

②当全部钢筋保护层厚度检验的合格点率小于 90%但不小于 80%，可再抽取相同数量的构件进行检验，当按两次抽样总和计算的合格点率为 90%及以上时，钢筋保护层厚度的检验结果仍应判为合格。

③每次抽样检验结果中不合格点的最大偏差均不应大于以上第(1)条规定允许偏差的 1.5 倍。

2. 数据处理

1)计算平均值、均方差、特征值及特征值与设计值的比值

根据《公路桥梁承载能力检测评定规程》(JTG/T J21—2011)检测构件的钢筋保护层厚度后，应计算实测厚度平均值 X、均方差 S、特征值 D_{ne}[见式(3-14)]，以及特征值与设计值 D_{nd} 的比值(D_{ne}/D_{nd})。

$$D_{ne}=X-K_{p}S \tag{3-14}$$

其中 K_p 判定系数按表 3-13 取用。

表 3-13　混凝土钢筋保护层厚度检测点数判定系数

实测厚度点数 n/(个)	10～15	16～24	≥25
判定系数 K_p	1.695	1.645	1.595

2)使用特征值与设计值的比值(D_{ne}/D_{nd})判定混凝土保护层厚度标度

混凝土保护层厚度标度是构件混凝土厚度检测后定性的量度,按表 3-14 进行评定。

表 3-14　钢筋保护层厚度评定标准

特征值/设计值(D_{ne}/D_{nd})	对结构钢筋耐久性影响	评定标度
≥0.95	影响不显著	1
0.85～0.95	轻度影响	2
0.70～0.85	有影响	3
0.55～0.70	有较大影响	4
≤0.55	钢筋易失去碱性保护发生锈蚀	5

3.5.7　钢筋位置检测工程案例

某市北四环高速公路某标段立交桥左幅 11 号墩柱(首件)完工后,需进行墩柱钢筋间距和保护层厚度检测并进行评判,钢筋间距及保护层厚度试验检测记录如表 3-15 所示。

表 3-15　钢筋间距及保护层厚度试验检测记录

试验室名称:某标段某工地试验室　　　　　　编号:JL—□□□—□□□□

工程部位/用途	立交桥左幅 11#	委托/任务编号	/
试验依据	GB/T 50344—2004	构件编号	7-1-11#Z
构件外观描述	表面平整、干燥	构件名称	墩柱
试验条件	天气:晴;气温:39 ℃	试验日期	2016 年 8 月 20 日
主要仪器设备及编号	钢筋间距及保护层厚度仪(BSH 3-24)		
构件名称	11～1 墩柱	钢筋类型	Φ25
钢筋间距设计值/mm	350	保护层厚度设计值/mm	55

主钢筋间距										
测点号	1	2	3	4	5	6	7	8	9	10
实测值/mm	350	340	360	361	325	351	346	365	335	344
测点号	11	12	13	14	15	16	17	18	19	20
实测值/mm	352	364	335	360	365	362	355	351	362	348
测点号	21	22	23	24	25	26	27	28	29	30
实测值/mm	340	336	331	345	375	331	359	354	358	350
总测点	30		合格点		28		合格率/(%)		93.3	
保护层厚度										
测点号	1	2	3	4	5	6	7	8	9	10

续表

保护层厚度										
实测值/mm	59	60	50	57	50	57	55	54	51	53
测点号	11	12	13	14	15	16	17	18	19	20
实测值/mm	52	62	60	57	57	56	53	55	54	59
测点号	21	22	23	24	25	26	27	28	29	30
实测值/mm	52	53	55	65	62	54	52	54	55	60
总测点	30	平均值/mm	55.8	标准差/mm	3.8	代表值/mm	49.7	评判比	49.7/55	

结论：

①钢筋间距检测合格率 93.3%。

②混凝土钢筋保护层厚度代表值:49.7 mm。

③评判比:49.7/55=0.90,属于混凝土 2 标度厚度(轻度影响)。

注:①主筋间距允许偏差±20 mm。

②保护层厚度代表值 $D_{ne}=x-K_p\times s=55.8-1.595\times 3.8=49.7$。

③厚度评判系数 K_p 值:$n=10\sim15$,$K_p=1.695$;$n=16\sim24$,$K_p=1.645$;$n\geqslant25$,$K_p=1.595$。

④评判比指实测钢筋保护层厚度代表值与钢筋保护层厚度设计值之比。

习　题

1. 本章 3.1.6 节混凝土强度评定工程案例:工程案例 2 中,回弹强度的推定,如果回弹测区数仅有 9 个(去掉第 10 个测区回弹数据),请对混凝土回弹强度进行推定。

2. 简述混凝土结构厚度的检测方法及其基本原理。

3. 简述冲击弹性波法检测混凝土结构厚度的技术特点。

4. 简述混凝土脱空检测方法及其基本原理。

5. 简述具有两个测试面时,采用超声波法和冲击弹性波法检测混凝土内部缺陷的基本原理。同时,比较两种方法的技术特点。

6. P 波、S 波、瑞利波在缝深检测中各有哪些特性?

项目4 基桩、锚杆检测技术

学习目标

1. 知识目标

(1) 了解基桩完整性及锚杆检测的基本原理。
(2) 掌握超声波透射法、低应变法、钻芯法的操作方法和技术特点。
(3) 熟悉各检测方法在实际工程中的应用场景和适用范围。

2. 能力目标

(1) 能够正确选择并应用合适的检测方法进行基桩和锚杆的完整性检测。
(2) 能够准确分析检测结果,识别和评估基桩及锚杆的完整性问题。
(3) 提升实际操作能力,熟练运用超声波透射法、低应变法、钻芯法进行工程检测。

3. 思政目标

(1) 培养工程检测领域的职业道德,增强对工程质量和安全的责任感。
(2) 认识到基桩及锚杆检测的重要性,树立科学严谨的工作态度。

4.1 基桩完整性检测

基桩是最重要的基础形式之一，其施工质量直接关系到整个结构的安全，因其是典型的隐蔽工程，所以历来受到工程界的高度重视。基桩的质量检测主要包括承载力检测和完整性检测，其中完整性检测最为普遍。

基桩完整性的检测存在不同的方法，最常用的有超声波透射法、低应变法和钻芯法等。

4.1.1 超声波透射法

1. 超声波透射法的原理

声波是弹性波的一种，若视混凝土介质为弹性体，则声波在混凝土中的传播服从弹性波传播规律。由发射探头发射的声波经水的耦合传到测管，再在桩身混凝土介质中传播后，到接收端的测管，再经水耦合，最后到达接收探头。由于液体或气体没有剪切弹性，只能传播纵波，因此超声波测桩技术采用的是纵波分量。

探头发射的声波会在发射点和接收点之间形成复杂的声场，声波将分别沿不同的路径传播，最终到达接收点。其走时都不尽相同，但在所有的传播路径中总有一条路径，声波走时最短，接收探头接收到该声波时，形成信号波形的初始起跳，一般称为“初至”，当桩身完好时，可认为这条路径就是发射探头和接收探头的直线距离，是已知量；而初至对应的声时扣去声波在测管、水之间的传播时间以及仪器系统延迟时间，可得声波在两测管混凝土介质中传播的实际声时，并由此可计算出所对应的声速。

当桩身存在断裂、离析等缺陷时，混凝土介质的连续性被破坏，使声波的传播路径更复杂，声波将透过或绕过缺陷传播，其传播路径大于直线距离，引起声时的延长，而由此算出的波速将会降低。另外，由于空气和水的声阻抗远小于混凝土的声阻抗，声波在混凝土中传播，遇到蜂窝、空洞或裂缝等缺陷时，在缺陷界面发生反射和散射，声能衰减，因此接收信号的波幅明显减小，频率明显降低。再者，透过或绕过缺陷传播的脉冲波信号与直达波信号之间存在声程和相位差，叠加后互相干扰，致使接收信号的波形发生畸变。综上所述，当桩身某一段存在缺陷时，接收到的声波信号会出现波速降低、振幅减少、波形畸变、接收信号主频发生变化等特征。

超声波透射法桩基检测就是根据混凝土声学参数测量值的相对变化，分析和判别其缺陷的位置和范围，进而评定桩基混凝土质量类别。

2. 超声波透射法基桩检测的分类

按照超声波换能器通道在桩体中的不同的布置方式，超声波透射法基桩检测主要有以下三种方法。

1）桩内单孔透射法

在某些特殊情况下只有一个孔道可供检测使用，如在钻孔取芯后，需进一步了解芯样周围混凝土质量，作为钻芯检测的补充手段，这时可采用单孔检测法，此时，换能器放置于一个孔中，换能器间用隔声材料隔离（或采用专用的一发双收换能器）。超声波从发射换能器出发经耦合水进入孔壁混凝土表层，并沿混凝土表层滑行一段距离后，再经耦合水分别到达两个接收换能器上，从而测出超声波沿孔壁混凝土传播时的各项声学参数。需要注意的是，运用这一检测方式时，必须运用信号分析技术，排除管中的相关影响干扰，当孔道中有钢套管时，由于钢套管会影响超声波在孔壁混凝土中的绕行，故不能用此法。

2)桩外孔透射法

当桩的上部结构已施工或桩内没有换能器通道时，可在桩外紧贴桩边的土层中钻一孔作为检测通道，检测时在桩顶面放置一发射功率较大的平面换能器，接收换能器从桩外孔中自上而下慢慢放下，超声波沿桩身混凝土向下传播，并穿过桩与孔之间的土层，通过孔中耦合水进入接收换能器，逐点测出透射超声波的声学参数，根据信号的变化情况大致判定桩身质量。由于超声波在土中衰减很快，且桩体外壁并不平整，使得这种方法的可测桩长十分有限，且只能判断夹层、断桩、缩径等缺陷。

3)桩内跨孔透射法

此法是一种较成熟可靠的方法，是超声波透射法检测桩身质量的最主要形式，其操作要点是在桩内预埋两根或两根以上的声测管，在管中注满清水，把发射、接收换能器分别置于两管道中。检测时超声波由发射换能器出发穿透两管间混凝土后被接收换能器接收，实际有效检测范围是声波脉冲从发射换能器到接收换能器所扫过的面积。根据不同的情况，可采用一种或多种测试方法，采集声学参数，根据波形的变化来判定桩身混凝土强度、桩身混凝土质量。桩内跨孔透射法检测根据两换能器相对高程的变化，又可分为平测、斜测、交叉斜测、扇形扫描测等方式，在检测时视实际需要灵活运用。

3. 声测管的预埋和管材的选择

为了使换能器能达到检测部位，需预先埋设若干检测通道，因此，在采用超声波检测时，必须在灌注混凝土前预埋声测管，混凝土硬化后声测管无法抽出，该管道即成为桩的一部分，也是声通道的一部分，但其影响接收信号的分析。而且声测管在桩的横截面上的布局，决定了检测的有效面积和探头提拉次数，所以声测管的预埋是影响无损检测方式和信号分析判断的重要因素。

1)声测管的选择

对声测管的材料要求：有足够的机械强度，保证在灌注桩混凝土浇筑过程中不会变形；与混凝土黏结良好，不使声测管和混凝土间产生剥离缝，影响测试。根据这些要求，钢管是最合适的材料。为了节省费用，对于桩身长度小于 15 m 的短桩，可用硬质 PVC 塑料管或金属波纹管。一般规定，声测管的直径通常比径向换能器的直径大 10～20 mm 即可，宜用规格内径 35～50 mm。管的壁厚对声能透过率影响较小，所以原则上对声测管壁厚不作要求，但就节省材质用量而言，管壁只要能承受新浇混凝土的侧压力，则越薄越好。

2)声测管的埋置数量和布置方式

声测管在桩的横截面上的布局应考虑检测控制面积，根据桩径大小预埋声测管，桩径为 0.6～1.0 m 时宜埋 2 根管；桩径为 1.0～1.5 m 时宜埋 3 根管，按等边三角形布置；桩径为 1.5 m 以上时宜埋 4 根管，按正方形布置(见图 4-1)。声测管之间应保持平行，但在实际施工中，由于钢筋骨架刚度的原因，会造成一定的误差，应尽量控制。

3)声测管的安装

声测管应牢牢固定在钢筋笼内侧，对于钢管，每 2 m 间距设一个固定点，直接焊接在架立筋上；对于 PVC 管，每 1 m 间距设一固定点，应牢固绑扎在架立筋上。对于无钢筋笼的部位，声测管可用钢筋支架固定，声测管应一直埋到桩底，声测管底部应预先封焊死，管的上端应高于桩顶表面 300～500 mm，同一根桩的声测管外露高度宜相同，上顶端用螺纹盖、塞或

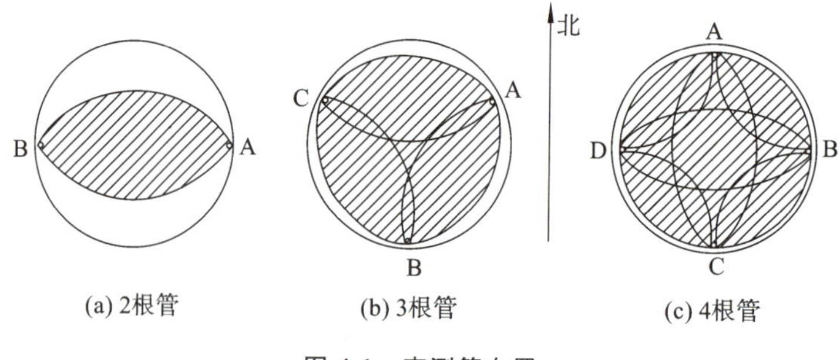

图 4-1　声测管布置

木桩封闭管口，防止异物掉入管内。

4. 检测结果的数据分析和判断

基桩的超声波透射检测需要分析和处理的主要声学参数包括声速、波幅、主频，同时还要注意对实测波形的观察和记录。如何在这些数据的基础上，对桩的完整性、连续性、强度等级等作出判断，是超声波透射法检测的关键。目前，常用的桩身缺陷判断方法有两大类：第一类是数值判据法，即检测值经适当的数字处理后找出一个存在缺陷的临界值作为依据，这种方法能对大量测试数据作出明确的分析和判断，通常用于全面扫测时缺陷的初步判断；第二类是声场阴影区重叠法，这类方法通常用于数值判据法确定缺陷位置后的细测判断，以便详细划定缺陷的位置、大小和性质等，在桩身缺陷的超声波检测中，这两类方法必须联合使用，过分偏重任何一种方法都是不合理的。

1)数值判据法

(1) 概率法。正常情况下，随机误差引起的混凝土的质量波动是符合正态分布的，由于混凝土质量(强度)与声学参数存在相关性，可大致认为正常混凝土的声学参数的波动也服从正态分布规律。混凝土构件在施工过程中，可能因外界环境恶劣及人为因素导致各种缺陷，缺陷处的混凝土质量将偏离正态分布，与其对应的声学参数也同样会偏离正态分布。所以，只要检测出声学参数的异常值，其对应的位置即为缺陷区。

(2) PSD 判据法。对于由声时、波幅衰减确定的异常区，结合 PSD 曲线进行综合分析，采用斜率法作为辅助异常判据，当 PSD 值在某测点附近明显变化时，应将其作为可疑缺陷区。PSD 判据的物理意义：声时-深度曲线相邻两点的斜率与相邻时差值的乘积，根据 PSD 值在某深度处的突变结合波幅变化情况，进行异常点判定，该判据对声时具有指数放大作用。因此，缺陷区 PSD 值较声时反应明显，而且运用 PSD 判据基本上消除了声测管不平行或混凝土不均匀等因素造成的声时变化对缺陷判断的影响，但如果声时读数有错误，那么 PSD 会将错误数据进行放大，造成误判。

2)声场阴影区重叠法

所谓声场阴影区重叠法，就是当超声脉冲束穿过桩体并遇到缺陷时，在缺陷背面的声强减弱，形成一个声辐射阴影区，在阴影区内，接收信号波幅明显下降，同时声时增大，甚至波形出现畸变。若采用两个方向检测，分别划出阴影区，则两个阴影区边界线交叉重叠所围成的区域，即为缺陷的确切范围。其基本操作要点：一个换能器固定不动，另一个换能器上下移动，找出声阴影的边界位置，然后交换测试，找出另一面的阴影边界。在混凝土中，由于各界面的漫反射及低频声波的绕射，使声场阴影区的边界十分模糊。因此，需综合运用声时、波幅、频率等参数进行判断，在这些参数中波幅是对阴影区最敏感的参数，在综合判断时应赋予较大的“权数”。当需要确定局部缺陷在桩的横截面上的准确位置时，可用多测向叠加法，即根据几个测向的测量结果通过作图法进行叠加，交叉重叠区即为缺陷区。

5. 超声波透射法检测质量薄弱部位

与低应变法、钻芯法比较，超声波透射法具有其鲜明的特点：检测全面、细致；检测范围可覆盖全桩长的各段截面，信息量相对丰富，结果准确可靠；且现场操作简便、迅速，不受桩长、长径比的限制等，但采用该方法需要提前埋设好测管，并封闭测管口以确保测管不会被堵塞；现场检测时，经常出现桩身上部因钢管锈蚀导致换能器接收的能量减弱的情况，可采用高压水枪等工具冲刷管壁后复测；有时也可能由于管壁与混凝土没有密切接触，存在空隙（空气），可在桩头多浇水洇湿、冲洗管壁，使空隙充满水，然后再复测。

此外，对于桩底存在薄弱沉渣或个别测管堵塞等情况，限于换能器本身局限性及无法通过换能器等原因，无法准确检测，这时可采用钻芯法或低应变法进行验证。另外，测管位置的偏移也会给检测带来很大的困难，因此，对测管的固定一定要注意。

4.1.2　低应变法

1. 概述

基桩反射波法检测桩身结构完整性的基本原理：通过在桩顶施加激振信号产生冲击弹性波脉冲，该弹性波沿桩身传播过程中，遇到不连续界面（如蜂窝、夹泥、断裂、孔洞等缺陷）和桩底面时，将产生反射波，检测分析反射波的传播时间、幅值和波形特征，就能判断桩的完整性。低应变法现场测试示意如图 4-2 所示。

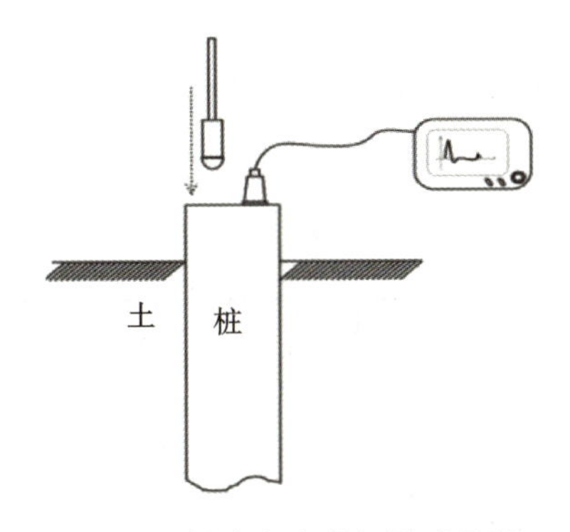

图 4-2　低应变法现场测试示意

假设桩中某处阻抗发生变化，当应力波从介质 1（阻抗为 Z_1）进入介质 2（阻抗为 Z_2）时，将产生速度反射波和速度透射波。令桩身质量完整性系数 $\beta= Z_2/Z_1$，反射系数为 α，则有下式。

$$\alpha=\frac{v_{2下}}{v_{2上}}=\frac{Z_2\cdot v_{2下}}{Z_2\cdot v_{2上}}=\frac{P_{2下}}{P_{2上}}=\frac{Z_1-Z_2}{Z_1+Z_2}=\frac{1-\dfrac{Z_2}{Z_1}}{1+\dfrac{Z_2}{Z_1}}=\frac{1-\beta}{1+\beta} \tag{4-1}$$

令 $\Delta Z=Z_1-Z_2$，$Z=\rho cA$（ρ 为桩密度、c 为波速、A 为截面积），当 $\beta=1$，$\Delta Z=0$ 时，$\alpha=0$ 说明界面无阻抗差异，即没有反射波；当 $\beta<1$，$\Delta Z>0$ 时，$\alpha>0$ 说明界面阻抗变小，出现与入射波同向的反射波；当 $\beta>1$，$\Delta Z<0$ 时，$\alpha<0$ 说明界面阻抗变大，出现与入射波反向的反射波。

图 4-3 为完整桩弹性波传播示意，已知桩长 L，桩底一次反射时间为 t，应力波在桩身中传播的纵波波速为 c，则三者之间的关系见式(4-2)。

$$c=\frac{2L}{t} \tag{4-2}$$

式(4-2)即为判断桩长或波速的简单关系式。在实际测试分析中，c 和 L 其中一个量必须知晓。

图 4-4 为变截面桩弹性波传播示意，变截面位置根据反射波的时间 t_x 由式(4-3)确定。

$$L_x=c\frac{t_x}{2} \tag{4-3}$$

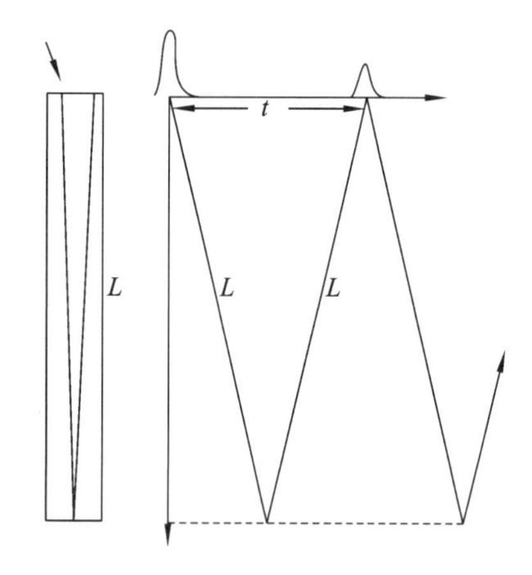

图 4-3　完整桩弹性波传播示意

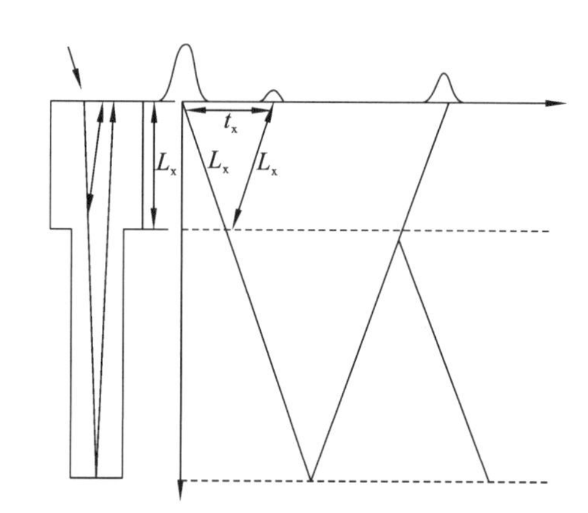

图 4-4　变截面桩弹性波传播示意

离析、夹泥、缩径桩弹性波传播示意如图 4-5 所示。

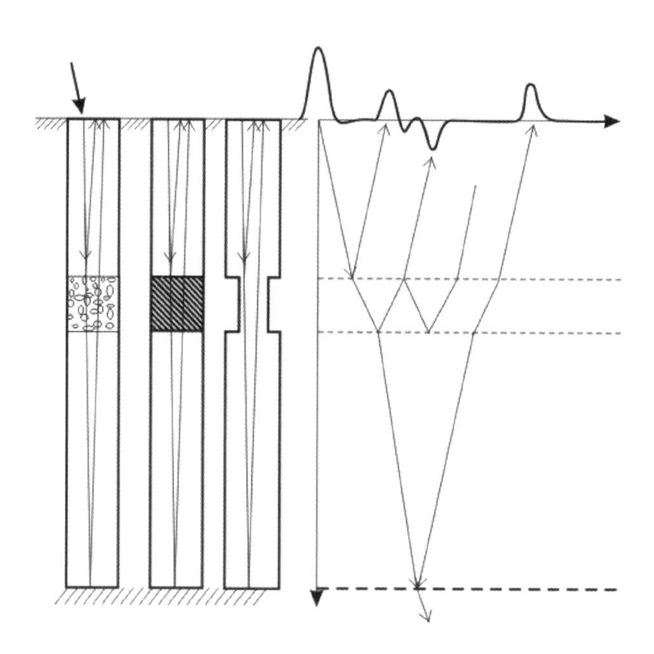

图 4-5　离析、夹泥、缩径桩弹性波传播示意

不同桩身阻抗变化情形下的桩顶速度响应波形如图 4-6 所示。

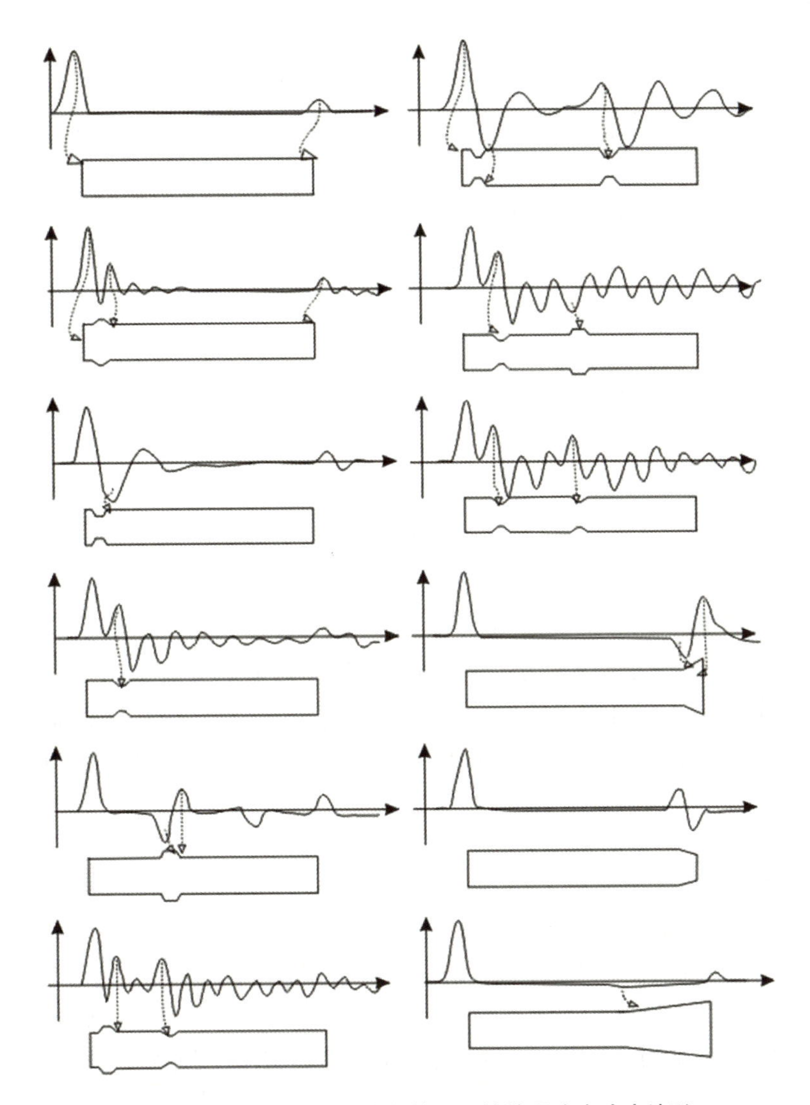

图 4-6 不同桩身阻抗变化情形下的桩顶速度响应波形

2. 低应变法现场检测前准备工作

1）选锤

现场检测，选择不同材质的锤头或锤垫，可激发出低频宽脉冲或高频窄脉冲（见表 4-1）。

表 4-1 激振锤激发效果一览

编号	锤型	材质	重量/kN	脉宽/ms	主瓣宽/kHz	力值/kN	加速度计		速度计		检波器	
							波形	谐振峰/kHz	波形	谐振峰/kHz	波形	谐振峰/kHz
1	小钢管	钢	0.09	0.6	3.281	0.136	微荡	4.717	微荡	1.760	轻荡	1.543
2	小钢杆	钢	0.13	0.7	2.559	0.272	微荡	4.707	微荡	1.750	轻荡	1.475
3	小钢钎	钢	0.27	0.9	2.021	0.408	正常	4.814	微荡	1.760	轻荡	1.480
4	小板斧	铁	0.22	1.1	1.748	0.332	正常	4.500	正常	—	微荡	1.484

续表

编号	锤型	材质	重量/kN	脉宽/ms	主瓣宽/kHz	力值/kN	加速度计		速度计		检波器	
							波形	谐振峰/kHz	波形	谐振峰/kHz	波形	谐振峰/kHz
5	小钢锤	钢	0.22	0.8	2.266	0.378	正常	4.510	微荡	1.760	轻荡	1.494
6	铁锤	钢	1.23	0.8	2.500	1.888	正常	4.770	微荡	1.770	轻荡	1.494
7	装修锤	塑料	0.33	1.2	1.885	0.526	正常	4.710	正常	—	正常	—
8	木锤	杂木	0.39	1.0	1.924	0.589	正常	4.760	正常	—	轻荡	1.500
9	橡胶锤	生胶	0.19	1.5	1.211	0.227	正常	4.790	正常	—	正常	—
10	橡胶锤	生胶	0.30	2.0	0.859	0.434	正常	4.730	正常	—	正常	—
11	橡胶锤	生胶	0.70	2.4	0.752	0.501	正常	4.500	正常	—	正常	—
12	橡胶锤	熟胶	0.66	2.7	0.771	0.807	正常	4.500	正常	—	正常	—

注：①安装方式：加速度计——高级橡皮泥；速度计——高级橡皮泥；检波器——钻孔全埋。
②敲击对象：预制桩。

低频脉冲有利于检测桩深部缺陷，高频脉冲有利于检测桩浅部缺陷。当遇到大直径长桩时，应选择力棒等激发能量稍大一点的重锤(如桩长超过 20 m，桩径大于 800 mm)。

当遇到小直径短桩时，应选择小铁锤或小扳手敲击，注意掌握力度(如桩长小于 5 m，桩径小于 300 mm)。

其他情况，采用尼龙锤可满足要求。

2)桩头处理

桩头条件处理的好坏直接影响到测试信号的质量。桩顶表面应平整干净且无积水，敲击点和传感器安装点部位应磨平，多次敲击信号一致性较差时，多与上述条件未达到有关。当桩头与承台或垫层相连时，相当于桩头处存在很大的截面阻抗变化，对测试信号会产生影响。因此，测试时桩头应与混凝土承台断开；当桩头侧面与垫层相连时，除非对测试信号没有影响，否则应断开。

3)耦合剂的选择

较好的耦合剂有石膏、蜡烛、黄油及其他固态油、凡士林等。

3. 混凝土波速确定

国内外大多数专家学者都认为，混凝土强度与波速之间无固定的相关关系，不同场地、不同配合比、不同龄期、不同厂家生产的水泥，其波速与混凝土强度的关系都不一样，但这并不意味着二者的关系完全不可知。事实上，有一点大家的观点相当一致，即同一场地，相同配合比的情况下波速越高，混凝土的弹性模量和强度也越大。

根据波动理论，混凝土的动弹性模量 E_d 可由式(4-4)得到。

$$E_d = \rho C^2 \tag{4-4}$$

式中，C——混凝土中弹性波纵波波速；km/s；

ρ——混凝土的密度，kg/m³，一般在 2400 kg/m³ 左右。

混凝土的静弹性模量 E_c 和动弹性模量 E_d 之间有良好的相关关系，见式(4-5)。

$$E_c = 9.0e^{0.033E_d} \tag{4-5}$$

混凝土的立方体抗压强度 σ_{cu} 可以用式(4-6)推算。

$$\sigma_{cu} = 0.702e^{0.129Ec} \tag{4-6}$$

但更具体可信的波速还是要根据不同地区的大量检测数据的结果统计来完成(在确定的桩长、确定的混凝土标号、明显的桩底反射等的条件下)。不同强度混凝土的波速特征值及范围如表4-2所示。

表4-2　不同强度混凝土的波速特征值及范围

混凝土强度	C15	C20	C25	C30	C35	C40以上
波速范围	2500～3100	3000～3500	3500～3800	3700～4000	3900～4200	4100～4500
特征波速	2800	3200	3650	3950	4100	4300

另外,不同龄期混凝土强度不一样,混凝土强度随时间的变化曲线因水泥特性不同而不同,速效水泥浇筑几天后即可达到预期强度,普通水泥超过14天,强度可达到预期值的80%以上,只有满28天龄期其强度值才能完全达到要求,有式(4-7)可供参考。

$$\sigma = \sigma_{28}\log_{28}^{n} \tag{4-7}$$

式中,n 为施工后的天数,σ 为当天抗压强度,σ_{28} 为预期强度。

此外,弹性波在材料中传播时具有一定的色散性,即波速随着振源频率的变化而变化。一般来说,频率越高,信号衰减越快,波速越快。频率越低,信号衰减越慢而波速也越慢。对于冲击弹性波,由于波长相对较长,频率对波速的影响较小,一般可以忽略。但对于超声波而言,由于波长较短,接近骨料的尺寸,频率对波速的影响很大。

4. 低应变法检测质量薄弱部位

低应变法对桩身缺陷程度只作定性判定,对桩身不同类型的缺陷,反射波测试信号主要反映该处桩身阻抗减小的信息,缺陷性质较难区分,如混凝土灌注桩出现的缩径与局部松散、夹泥、空洞等,仅凭测试信号就很难区分。

实际检测中,应结合地质条件、施工情况,采取钻芯法、超声波透射法等综合分析。尤其是当桩身上部出现较大幅度的扩径、缩径等引起桩身阻抗变化较大时,下部缺陷会因能量叠加、衰减而无法准确判别,此时可结合超声波透射法或钻芯法补充。

4.1.3　钻芯法

1. 检测数量

(1) 基桩钻孔数量应根据桩径 D 大小确定。

①$D<1.2$ m,每桩钻芯孔数可为1～2个。

②$1.2\text{ m}\leqslant D\leqslant 1.6$ m,每桩钻芯孔数宜为2个。

③$D>1.6$ m,每桩钻芯孔数宜为3个。

④当钻芯孔为1个时,宜在距桩中心10～15 cm的位置开孔;当钻芯孔为2个或2个以上时,开孔位置宜在距桩中心 $0.15D$～$0.25D$ 范围内均匀对称布置。

⑤对桩端持力层的钻探,每根受检桩不应少于1个孔。

(2) 持力层的钻探深度规定。

每桩至少应有一孔钻至设计要求深度，如设计未有明确要求，宜钻入持力层3倍桩径且不少于3 m的深度。

(3) 钻芯法检测时，混凝土龄期不得少于28 d，或受检桩同条件养护试件强度应达到设计强度要求。

2. 技术要求

现场检测时严格执行相关检测规范、仪器操作规程。具体实施步骤如下。

(1) 确定钻孔位置。

(2) 钻机安装稳固，底座调平，并保证立轴垂直。

(3) 钻进过程中，钻孔内循环水流不得中断，水压应能保证充分排除孔内岩粉。当钻孔钻至接近桩端的地基持力层时，应采取提钻或其他措施，保证在一个回次中能反映桩端接触带的持力层性状。

(4) 在钻芯过程中，应观察并记录回水含砂量及颜色、钻进的速度变化，当出现异常情况时，应记录位置、程度、沉渣厚度等情况。

(5) 钻芯孔倾斜率不得大于0.5%，当出现钻孔偏离桩时，应停机查找原因。

(6) 当持力层为强风化岩层或土层又没有超前钻探资料时，应进行标准贯入试验。

(7) 采取芯样试件前，对混凝土、岩芯全貌进行拍照记录。

(8) 对混凝土的胶结情况、骨料的分布情况、混凝土芯样表面的光滑程度、气孔大小、蜂窝、夹泥、松散、桩与持力层的接触情况、沉渣厚度、桩端持力层的岩土特征等，应作出清晰、准确的记录。

(9) 混凝土芯样的采取。

①数量规定：当桩长小于10 m时，每孔应截取2组芯样；当桩长为10～30 m时，每孔应截取3组芯样，当桩长大于30 m时，每孔应截取芯样不少于4组。

②上部芯样位置距桩顶设计标高不宜大于1倍桩径或超过2 m，下部芯样位置距桩底不宜大于1倍桩径或超过2 m，中间芯样宜等间距截取。

③缺陷位置能取样时，应截取1组芯样进行混凝土抗压试验。

④同一基桩的钻芯孔数大于1个，且某一孔在某深度处存在缺陷时，应在其他孔的该深度处，截取1组芯样进行混凝土抗压强度试验。

⑤当桩端持力层为中、微风化岩层且岩芯可制作成试件时，应在接近桩底部位1 m内截取岩石芯样；遇分层岩性时，宜在各分层岩面取样。

3. 钻芯法检测质量薄弱部位

钻芯法适用于检测混凝土灌注桩的桩长、桩身混凝土强度、桩身缺陷及其位置、桩底沉渣厚度，判定或鉴别桩底持力层岩性、判定桩身完整性类别，具有准确可靠等优点，特别适用于大直径灌注桩的成桩质量检测，缺点是费用高昂，钻芯断面所占断面面积有限，常与低应变、超声波透射法相结合。多数情况下，当低应变法检测判定桩身或桩底存在问题时，尤其是桩底可能存在沉渣或桩底未到设计的岩层时，常通过钻芯法进行验证；当超声波透射法判断桩身缺陷明显时，可以结合缺陷所在断面进行钻芯，这样就比较能准确判定。

4.2 锚杆检测

4.2.1 概述

锚杆是水电、公路、铁路等工程建设中边坡支护及地下工程治理的重要手段。但锚杆为隐蔽施工工程,其施工质量的影响因素较多(地质原因、施工工艺及施工管理水平等),往往存在潜在缺陷使施工质量难以满足设计要求,对工程的安全运行埋下隐患。及早发现锚杆施工过程中存在的质量缺陷并加以处理,确保工程的安全运行,是每一个工程技术人员最急切的分内之事。全长黏结砂浆锚杆的长度及注浆密实度是否达到设计要求是衡量锚杆是否合格的重要指标,传统的测试方法是抗拔试验,但这种方法并不能完全确定锚杆施工质量(尤其是锚杆注浆密实度),目前使用最多的检测方法是弹性波反射法。

4.2.2 检测原理

锚杆质量检测与基桩低应变法的测试原理相同。安装于锚杆顶部的传感器,可采集到来自锚杆不同部位的反射信号。通过分析和读取反射信号的双程时间,即可求出锚杆的长度和缺陷。

但是,由于锚杆的截面积远远小于基桩的截面积,且锚杆在设置时往往需要注浆,从而形成锚杆、注浆体和周围岩土材料的复合结构。因此其检测难度一般要高于低应变法。

1. 锚杆长度的计算

锚杆长度的计算一般采用时域反射波法、频差法等。

1)时域反射波法

时域反射法计算锚杆长度见式(4-8)

$$L = \frac{C_m}{2} \cdot \Delta t_e \tag{4-8}$$

式中,L ——锚杆杆体长度,m;

C_m ——计算波速,m/s,可通过锚杆相关模拟试验得到;

Δt_e ——杆底反射波走时,s。

2)频差法

频差法计算锚杆长度见式(4-9)

$$L = \frac{C_m}{2\Delta f} \tag{4-9}$$

式中,Δf ——幅频曲线上杆底相邻谐振峰之间的频差。

2. 计算波速确定

在锚杆长度测试中,采用的是计算波速或杆系速度。因此,计算波速的合理选取直接影响到测试结果。在实际检测过程中,计算波速(也为杆系波速)往往随着灌浆密实度的变化而变化。在灌浆密实度、岩体不同的情况下,计算波速 C_m 的取值范围很大,一般在 3800~5300 m/s 之间。因此,根据锚杆质量相关检测规程规定,在实际检测前,应当对计算波速进行室内试验和现场试验加以确定。

而根据不同的灌浆、岩体及边界条件,可按下列原则取值。

(1) 当锚杆的锚固密实度小于30%时,可取锚杆的杆体波速C_b,一般可取5180 m/s。

(2) 当锚杆的锚固密实度大于或等于30%时,宜通过同等条件下的模型模拟试验或现场对不少于3根已知长度的锚杆进行检测,从而对波速进行推算。

3. 锚杆检测注意事项

在对锚杆现场检测时,应注意下列事项。

①检测前应进行现场调查,收集工程项目用途,锚杆的设计类别、功能、长度范围,了解锚杆的施工工艺及锚杆工程相关的地形、地质资料等。

②锚杆顶端应平整且不能弯曲。

③现场不能有其他影响检测信号的干扰。

锚杆的注浆饱和度跟锚杆与砂浆、砂浆与围岩的接触以及砂浆的胶结程度有关。通过分析接收波列的波形特征、频谱特征、衰减特征等,可得到锚杆注浆的饱和情况。一般情况下,注浆饱和情况越好,所测得的波形越规则、反射杂波越少、频率较高且集中,相应的振幅就越小、衰减也越快;反之,注浆饱和度差的锚杆,测得的波形比较复杂,反射杂波较多,频率较低且分散,振幅大且衰减慢。据此可定性地推定计算锚杆的注浆饱和度。

锚杆杆底反射信号特征:一般锚杆材质的波阻抗大于黏结剂或围岩的波阻抗,反射系数为正值,杆底反射波信号与入射波同相位,而且杆底各次反射信号的时间间隔相同、相位同向。在入射波信号强度基本等同的情况下,杆底反射信号强度与杆底界面的波阻抗差异程度和锚固体系的阻尼有关,即杆底界面的波阻抗差异越大,锚固体系的阻尼越小(如注浆密实度越差),则杆底反射信号的强度越强,反之则相反(见图4-7~图4-9)。

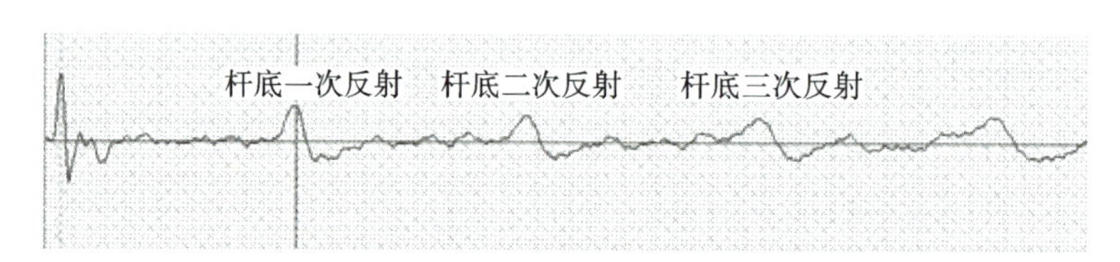

图4-7 杆底多次反射信号

锚杆杆中反射信号特征:当锚杆注浆存在局部不密实的情况,则锚杆不同截面的波阻抗会有所差异,且在这些有差异的界面均会产生反射波。根据波反射原理,界面的波阻抗差异将决定反射波的性质,当波阻抗比值n大于1时(从注浆密实至不密实),反射系数为正值,在时域曲线上反射波信号与入射波同相位,多次反射信号相位一致。

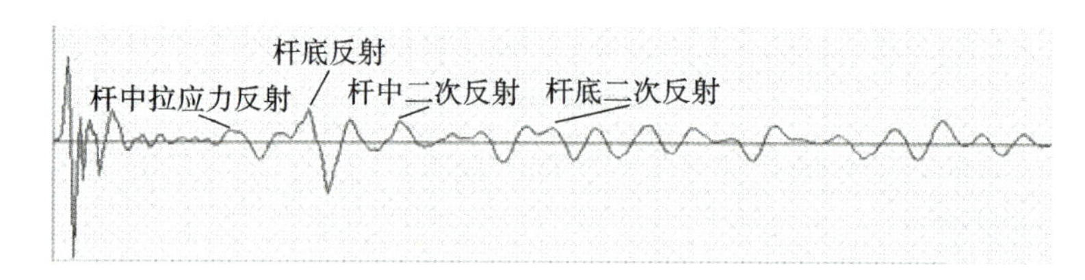

图4-8 杆底阻抗小时的反射信号

当波阻抗比值n小于1时(从注浆不密实至密实),反射系数为负值,在时域曲线上第一次反射信号与入射波相位相反,经锚杆端部反射的第二次反射信号与入射波相位相同,多次反射信号相位交替改变。

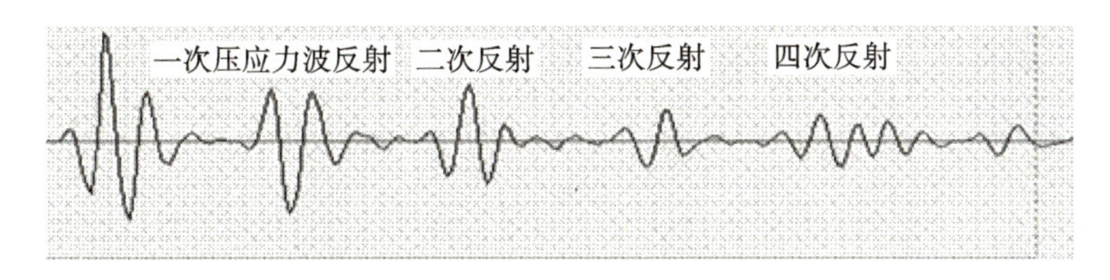

图 4-9　杆底阻抗大时的反射信号

4.2.3　锚杆灌浆检测实例

图 4-10 和图 4-11 是某隧道锚杆锚固质量(长度和灌浆密实度)检测的测试波形。

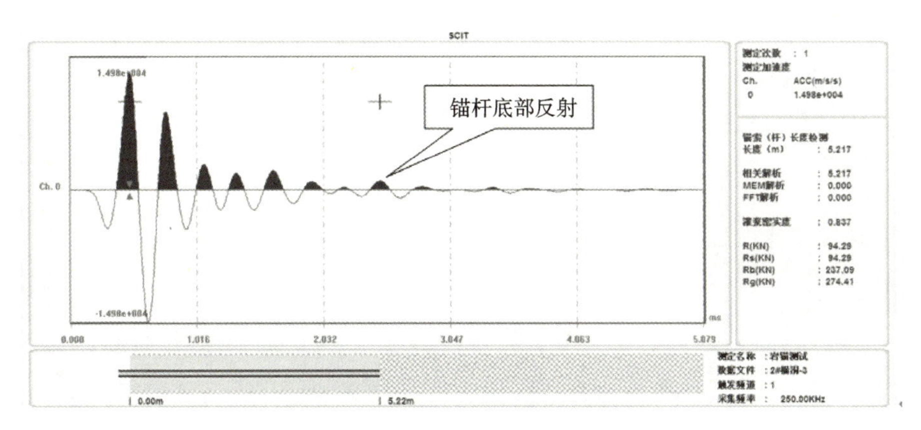

图 4-10　灌浆较好的锚杆测试波形

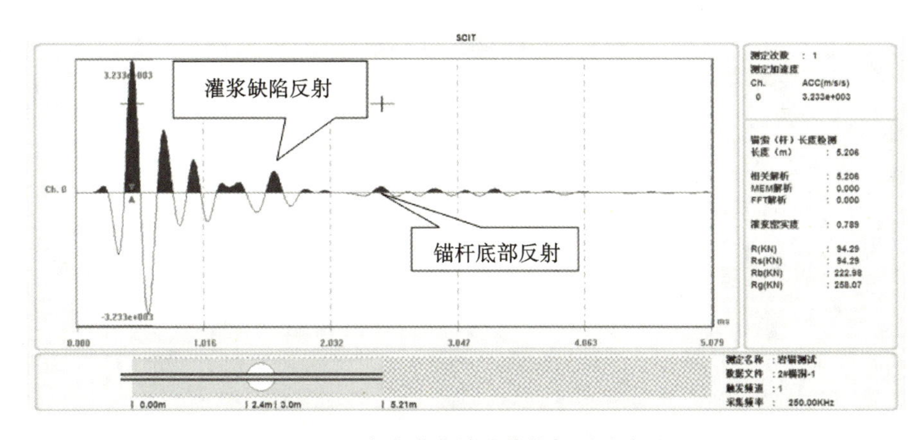

图 4-11　存在灌浆缺陷的锚杆测试波形

由上述理论可知,当锚杆灌浆较好时,应力波的衰减很快,即测试波形整体收敛性好,其振动持续时间较短,在锚杆底部反射之前没有额外明显的其他反射波存在。而当锚杆灌浆存在缺陷时,则在锚杆底部反射之前将会出现明显的反射信号,但缺陷较深时,则测试波形的收敛性仍然较好。

习　题

1. 阐述超声波透射法测试基桩完整性的技术原理及其常用的桩身缺陷判断方法。
2. 阐述低应变法测试基桩完整性的技术原理。
3. 简述锚杆长度的计算方法以及波速的选取。

项目5　岩土材料

学习目标

1. 知识目标

(1) 了解岩土材料承载板试验、动力荷载试验、挖坑灌砂试验和弹性波速检测试验的基本原理。

(2) 掌握这些试验的操作方法、数据处理和结果分析。

(3) 熟悉各检测方法在岩土工程中的实际应用场景及其适用范围。

2. 能力目标

(1) 能够正确选择并应用合适的检测方法进行岩土材料的现场检测。

(2) 能够准确分析检测结果,识别和评估岩土材料的承载力和稳定性。

(3) 提升实际操作能力,熟练运用承载板试验、动力荷载试验、挖坑灌砂试验和弹性波速检测试验进行工程检测。

3. 思政目标

(1) 培养岩土工程检测领域的职业道德,增强工程质量和安全的责任感。

(2) 认识到岩土材料检测的重要性,树立科学严谨的工作态度。

(3) 增强服务社会和保护公共安全的使命感,通过学习检测技术为岩土工程质量保驾护航。

5.1 概　　述

岩土材料包含岩石类材料和土质类材料，岩石类材料往往粒径大，刚性和强度高，如宕渣材料；土质类材料往往粒径小、松散，刚性和强度低，如粉土材料。

岩土材料多为弹塑性材料，且塑性特征往往更为显著，因此其非线性和离散性很强，相较于金属弹性材料、混凝土较为均质。岩土材料的检测和试验往往可以分为室内试验和现场（原位）试验，其中，相较于室内试验，原位试验更能够反映实际状况。原位试验根据检测的媒介和原理等，可分为如下3种。

（1）荷载试验：在现场模拟上层结构或运行荷载，对岩土材料直接施加相应的荷载，通过其荷载与变形（如沉降位移）的关系来推算材料的力学指标。根据施加荷载的方式不同，荷载试验又可分为静力荷载试验和动力荷载试验。

（2）现场取样：指在施工现场，通过钻芯取样或挖掘取样等方式，获取现场材料，通过取样材料的试验来推断材料的各种特性。这种方式往往具有一定的破坏性，且需要结合室内试验来完成。

（3）物探检测：借助弹性波、电磁波等对岩土材料质量进行检测的试验方法。

下面将就上述不同类型的检测进行相应的讲解，如荷载试验的承载板试验、现场取样的挖坑灌砂试验、物探检测的弹性波速检测试验等。

5.2 荷载试验和现场取样试验

目前，在岩土、岩体工程中，荷载试验和现场取样试验是广泛使用的试验方法，其中荷载试验包括静力荷载试验和动力荷载试验。

静力荷载是指在岩土材料填筑或铺装结构的表面逐级加力，并观测每级加载下的岩体变形特征参数的原位试验，其中承载板试验是其典型代表。

动力荷载即采用重锤的落下所产生的冲击力进行加载，通过荷载特征参数计算测试对象力学特性的试验方法。由于冲击荷载可以达到锤自身重量的几十倍乃至几百倍，因此可以有效地对测试对象土体施加压力。同时，由于交通荷载大多为动力荷载，因此，基于动力荷载的测试方法有时候更接近于道路的实际受力状况。

5.2.1 承载板试验

承载板试验是指在一定尺寸（如直径30 cm）的刚性承载板上分级施加静力荷载，观测各级荷载作用下测试结构随压力变化而变形的原位试验（见图5-1）。承载板试验主要用于确定结构的承载力和变形模量等。

1. 适用范围与特点

承载板试验适用于在现场土基表面，通过承载板对土基逐级加载、卸载，测出每级荷载下相应的土基变形参数，进而计算求得相应的承载力或模量等。由于试验简单、直观，因此多年来应用广泛。同时，也存在如下局限性。

（1）承载板试验只能用于地表浅层地基土的力学特性检测，其影响深度范围不超过承载板直径的两倍。

图 5-1　承载板试验

(2) 承载板试验一般采用直径为 30 cm 的承载板，其尺寸比实际基础小，极容易在刚性板边缘产生塑性区，容易造成地基破坏，使得估算的承载力偏低。

(3) 承载板试验不适合透水性较差的软黏土，其测得的变形与实际情况有较大的差异。

2. 试验仪具

承载板荷载试验的常用仪具主要包括承载板、加荷装置、反力装置及量测装置等。

1) 承载板

承载板需要采用刚性较大的圆形钢板，并在钢板上焊接肋，以保证在荷载试验过程中承载板不产生形变。承载板的面积应根据测试对象结构的深度、软硬程度或岩体裂隙发育情况合理选用。浅层荷载试验时，承载板面积不应小于 0.25 m^2，对于软土、不均匀土层，承载板面积不应小于 0.50 m^2。复合地基承载力试验时，承载板面积应根据置换率进行换算。

2) 加荷装置

加荷装置一般采用液压系统，包括千斤顶、油泵、油管、压力计和稳压器等。

3) 反力装置

反力装置包括堆载式、撑壁式等多种形式，如图 5-2 所示。其中，堆载式适用于各种土质条件，设备简单，但需要较多混凝土块或铸铁块等重物；撑壁式适用于土壁稳定的情况，设备轻便，试验深度宜在 2.0～5.0 m。

4) 量测装置

荷载试验量测装置包括液压系统的油压表，承载板沉降记录用的百分表或千分表等。

3. 荷载-沉降曲线

根据现场试验数据绘制荷载-沉降曲线（p-s 曲线），典型的 p-s 曲线有三个变形阶段（见图 5-3）。

1) 直线变形阶段（Ⅰ）

荷载压强小于比例界限 p_0，荷载压强与回弹变形之间接近正比例的关系，该阶段以土体压缩变形为主，地基变形不大，地基土稳定性较好（见图 5-4）。

2) 局部剪切阶段（Ⅱ）

荷载压强超过 p_0，荷载压强与回弹变形之间不再是比例关系，曲线斜率逐渐增加，此时土体剪切变形增加，压缩变形减少，如图 5-5 所示。该阶段承载板周围的土体出现塑性变形

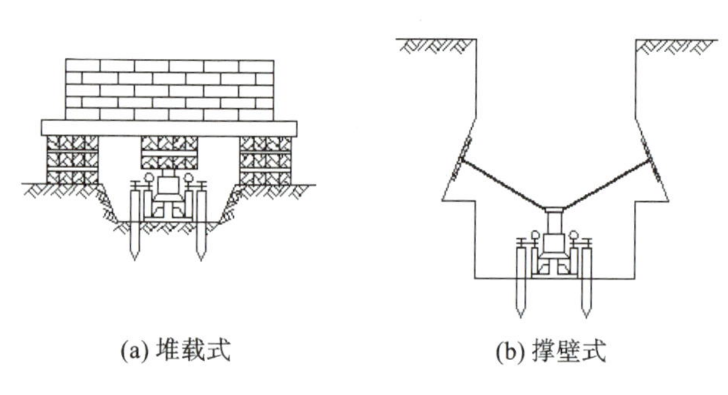

图 5-2 反力装置示意

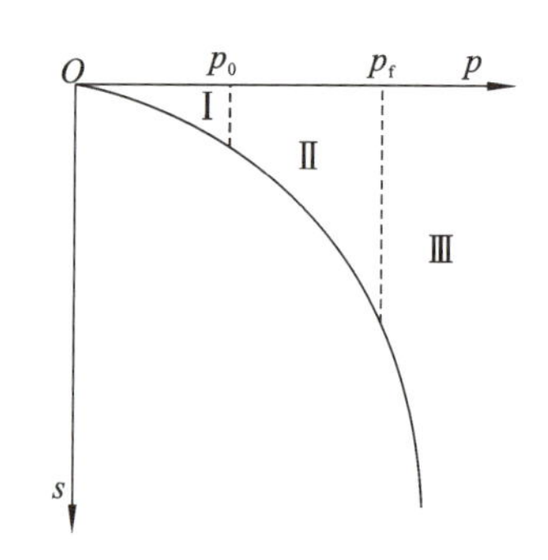

图 5-3 荷载-沉降曲线（p-s 曲线）

区，有较显著的侧向变形，随着荷载的增加，塑性变形区逐渐扩大，地基稳定性逐渐降低。

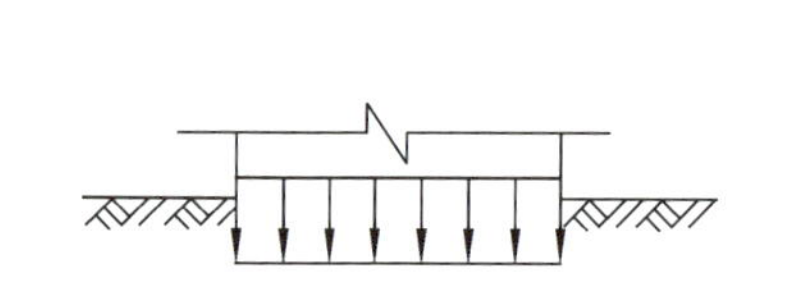

图 5-4 直线变形阶段地基土应力状态

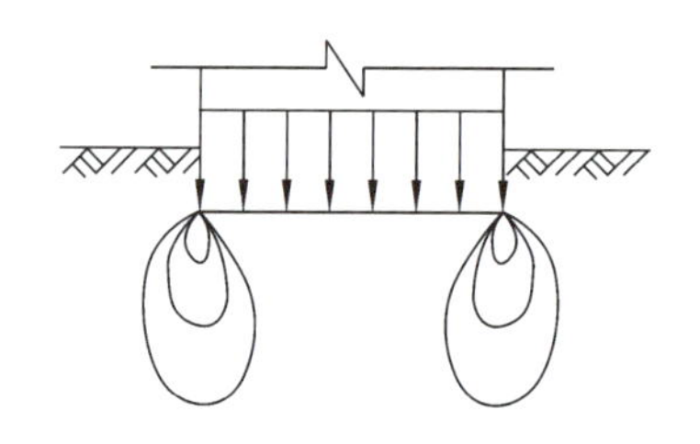

图 5-5 局部剪切阶段地基土应力状态

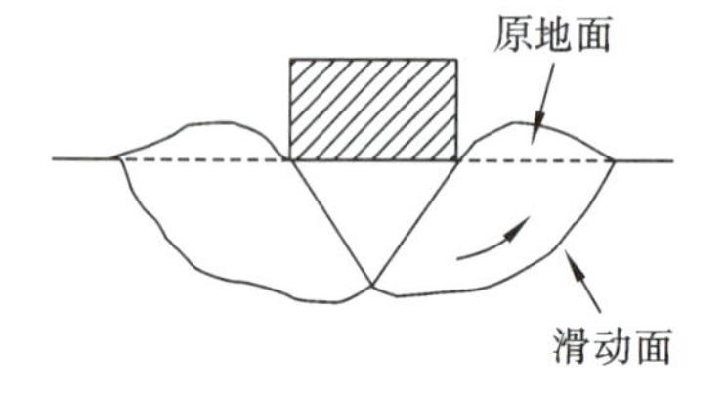

图 5-6 破坏阶段地基土应力状态

3）破坏阶段（Ⅲ）

当荷载继续增加，达到极限荷载 p_f 时，承载板长时间下沉，不能保持稳定，如图 5-6 所示。此时，地基土中塑性变形区已扩大至形成连续的滑动面，土从承载板下挤出，承载板四周土体隆起，地基土剪切破坏，丧失稳定性。

4. 成果应用

1）测定承载力特征值

（1）极限荷载法。

若荷载试验加载至破坏阶段，取破坏荷载的前一级荷载作为极限荷载 p_u，承载力特征值 f_{ak} 可按式(5-1)计算。

$$f_{ak} = \frac{p_u}{K} \tag{5-1}$$

式中，K ——安全系数，取 2.0。

（2）比例界限法。

根据 p-s 曲线的直线段，可以按式(5-2)计算承载力特征值 f_{ak}。

$$f_{ak} = p_0 \tag{5-2}$$

当 p-s 曲线的直线段明显时，以直线段的终点为比例界限 p_0；

当 p-s 曲线的直线段不明显时，可做 $\lg p$-$\lg s$ 曲线或 p-$\Delta s/\Delta p$ 曲线，以拐点对应的荷载为 p_0。

2）测定土体的变形模量

土体的变形模量 E_0 是指无侧限条件下单轴受压的应力与应变之比。E_0 应根据 p-s 曲线的直线段，按均质各向同性半无限弹性介质的弹性理论计算。

浅层荷载试验可按式(5-3)计算变形模量 E_0。

$$E_0 = I_0(1-\mu^2)\frac{pd}{s} \tag{5-3}$$

深层荷载试验可按式(5-4)计算变形模量 E_0。

$$E_0 = \omega\frac{pd}{s} \tag{5-4}$$

式中，I_0 ——刚性承载板的形状系数，圆形承载板取0.785，方形承载板取0.886；

μ ——土的泊松比；

d ——承载板直径或边长，m；

p —— p-s 曲线的直线段的压力，MPa；

s ——与 p 值相对应的沉降值，mm；

ω ——与试验深度和土类有关的系数，可按表5-1选用。

表5-1 深层荷载试验计算系数

d/z	碎石土	砂土	粉土	粉质黏土	黏土
0.30	0.477	0.489	0.491	0.515	0.524
0.25	0.469	0.480	0.482	0.506	0.514
0.20	0.460	0.471	0.474	0.497	0.505
0.15	0.444	0.454	0.457	0.479	0.487
0.10	0.435	0.446	0.448	0.470	0.478
0.05	0.427	0.437	0.439	0.461	0.468
0.01	0.418	0.429	0.431	0.452	0.459

注：d/z 为承载板直径与承载板底面深度之比。

3）确定基准基床系数

Winkler提出假设：地基上任一点所受的压力强度 p 与该点的地基沉降量 s 成正比，这个比例系数就是基床反力系数(简称基床系数)。基准基床系数 K_v 可根据边长为30 cm的平板荷载试验，按式(5-5)计算。

$$K_v = \frac{p}{s} \tag{5-5}$$

4）估算地基土的不排水抗剪强度

根据快速荷载试验(相当于不排水条件)取得的极限荷载 p_u，按式(5-6)估算饱和黏性土的不排水抗剪强度 C_u。

$$C_u = \frac{p_u - p_d}{N_c} \tag{5-6}$$

式中，p_u ——快速荷载试验取得的极限荷载，kPa；

p_d ——承载板周边外的超载或土的自重压力，kPa；

N_c ——当周边无超载时，取6.15；当承载板埋深超过4倍直径或边长时，取9.25；当承载板埋深小于4倍直径或边长时，其值由线性内插法确定。

5.2.2 动力荷载试验

在我国公路相关的规程中，主要以静力荷载试验为主，而动力荷载试验方法更接近于道路的实际受力状况，越来越受到重视。较为成熟的动力荷载试验方法包括动态平板荷载试验、落球式岩土力学特性测试试验。

1. 动态平板荷载试验

1）动态平板荷载试验的发展

1997年2月德国颁布执行的《德国铁路建设轻型落锤仪使用规定》(NGT39)标志着动态变形模量Evd标准开始在铁路工程中正式采用。该标准的最大特点是能够反映车辆在高速运行时产生的动应力对路基的真实作用状况。动态变形模量Evd从研究开发至今已有20多年的历史，欧洲普遍采用的是德国HMP公司开发的LFG系列动态变形模量测试仪，也称轻型落锤仪。动态变形模量Evd标准在德国首先应用于道路建设、路面垫层、管道和电缆沟槽、渠道、基础回填等工程。

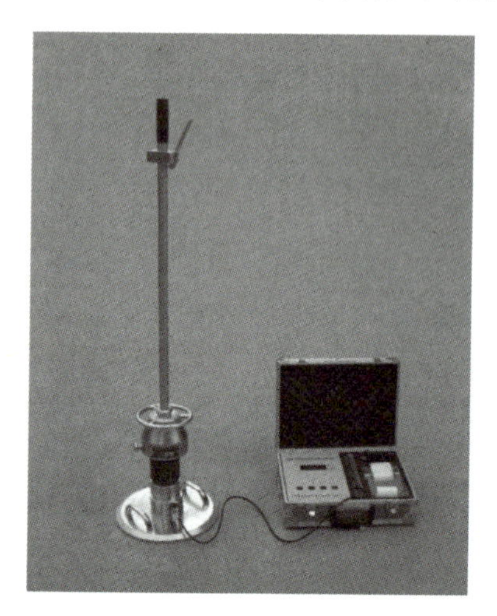

图5-7 变形模量Evd测试仪

我国相关科研单位先后也研制出了动态变形模量Evd测试仪，如中国中铁第五勘察设计院集团有限公司研制的DBM-2型动态变形模量Evd测试仪(见图5-7)。

动态平板荷载试验属于动力荷载试验，是一种快速、方便检测路基动荷载特性的承载力指标的新试验方法。其工作原理是利用落锤从一定高度自由下落在弹簧阻尼装置上产生的瞬间冲击荷载，通过弹簧阻尼装置及传力系统传递给承载板，在承载板下面(即测试面)产生符合车辆高速运行时对路基面所产生的动应力，使承载板发生沉陷，即阻尼振动的振幅由沉陷测定仪采集记录。沉陷值越大，则被测点的承载力越小；反之则越大。

2）动态变形模量Evd的计算

动态变形模量Evd(dynamic modulus of deformation)是指土体在一定大小的竖向冲击力 F_s 和冲击时间 t_s 作用下抵抗变形能力的参数，可由式(5-7)计算得出。

$$\mathrm{Evd} = 1.5r\sigma/s \tag{5-7}$$

式中，Evd——动态变形模量，MPa；

r——圆形刚性承载板的半径，mm；

σ——承载板下的最大冲击动应力，由最大冲击力 $F_s=7.07$ kN且冲击时间 $t_s=18$ ms时标定得到的，即 $\sigma=0.1$ MPa；

s——实测承载板下沉幅值，mm；

1.5——承载板形状影响系数。

3）动态平板荷载试验的系统误差

动态平板荷载试验是一种动力测试方法，存在一定的系统误差。造成系统误差的原因体现在以下几个方面。

(1) 应变水平的影响。

土体的变形特性与其应变水平有很大的关系，而动态平板荷载试验由于难以改变荷载大小，在测试坚硬材料时，其应变水平较低，测试离散性变大，精度相应变差。根据《铁路工程土工试验规程》(TB 10102—2023)，动态平板荷载试验的沉陷范围为0.1～2.0 mm

(±0.05 mm),换算其所能测试的最大变形模量为 10～225 MPa,但其最大误差可超过 150 MPa。因此,动态平板荷载试验不适用于水泥稳定土等坚硬材料的检测。

(2) 惯性力的影响。

动态平板荷载试验在测试对象上铺有垫板。根据达朗贝尔原理,当物体产生加速度时,会产生惯性力。此外,被测土体也会产生相应的惯性力,与加载装置的惯性力一起减少了使土体产生变形的荷载。因此,采用动力测试得到的土体动态变形模量要大于其静态变形模量。如果不考虑惯性力的影响,可能会造成较大的测试误差。一般来说,动态平板荷载试验值较静态弹性模量高 30%左右。此外,对于粗粒土和碎石土,其提高比例有所增大,最大提高比例可以达到 100%。

4)动态平板荷载试验的注意事项

此外,动态平板荷载试验中还存在如下问题需要注意。

(1) 测试时需平整场地。

当测试表面凹凸不平时,需垫砂子或更换场地。同时,砂子厚度过大也会对测试结果产生不利的影响。

(2) 跳板现象。

当测试对象较硬时,经常会产生垫板弹起的现象,使得测试失败。

(3) 需要调整测试装置。

为了保证测试荷载或应变水平、接触时间等参数,需要调整相应的锤重、落下高度或者更换橡胶垫等。此外,测试时还需要进行预压等工序,对测试者的能力要求较高。

2. 落球式岩土力学特性测试试验(FBT)

落球式岩土力学特性测试的理论基础源于 Hertz 冲击理论。Hertz 在 19 世纪提出了面向线弹性体的碰撞理论,即一个已知刚性的球体 A 撞击一个未知刚性的物体 B 时,B 的刚性越大,则碰撞时的接触时间越短(见图 5-8)。

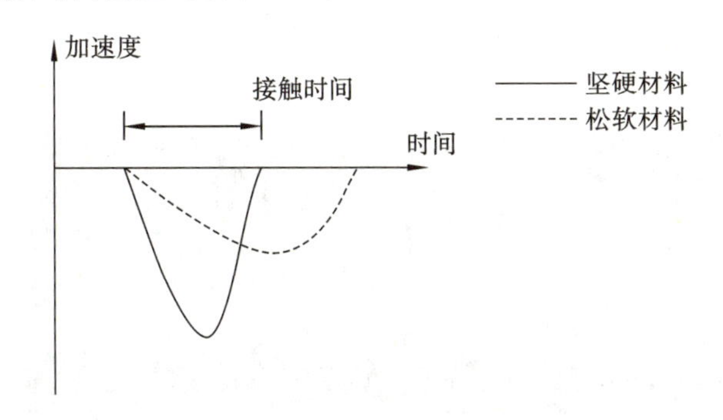

图 5-8　测试理论示意

对于球形体与半无限平面体的碰撞,其接触时间可以由式(5-8)计算。

$$T_c = 4.53\left[\frac{(\delta_1+\delta_2)m_1}{\sqrt{R_1 v_0}}\right]^{2/5} \tag{5-8}$$

式中,T_c ——接触时间,s;

δ——有关材料的参数,由 $\frac{1-\mu^2}{E\pi}$ 计算得出;

E ——变形模量,Pa(N/m^2);

δ_1——落下球体(已知);

δ_2——平面半无限体(岩土材料,待求);

m_1——落下球体的质量,kg;

R_1——落下球体的半径,m;

v_0——落下球体与半无限平面体碰撞时的速度,m/s,$v_0=\sqrt{2gH}$,$g=9.80\ \mathrm{m/s^2}$,H为球体的下落高度。

通过测试的接触时间 T_c,对式(5-8)进行求解,便可求得土体的变形模量 E。

需要注意 Hertz 碰撞理论仅适用于线弹性材料,而岩土材料是典型的弹塑性材料。因此,需要对该理论进行修正。

弹性材料冲击后产生的变形可完全恢复,最大变形是在接触时间一半时发生。实际的岩土材料中存在一定弹性,一般回弹系数比压缩系数大。

如图 5-9 所示,碰撞过程可分为两个部分,即压缩部分和回弹部分。

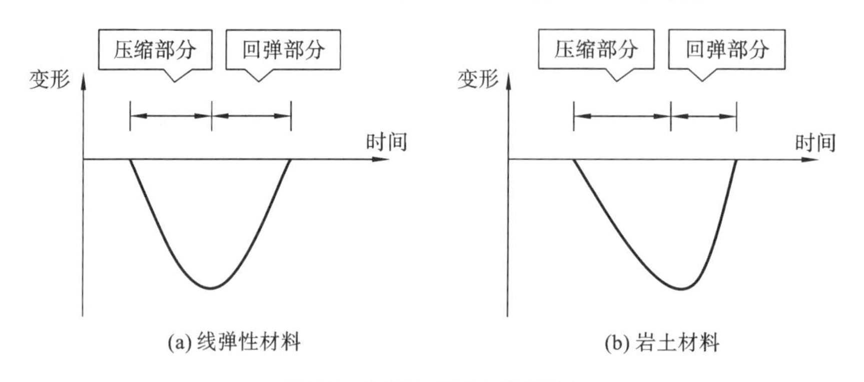

图 5-9 压缩过程和回弹过程

对于线性弹性体,压缩系数(除加载时的弹性系数)和回弹系数是一致的,对于岩土材料压缩系数和回弹系数的差别比较大。通过压缩部分的接触时间可以推算变形模量 E_c,而通过回弹部分的接触时间可以推算回弹模量 E_{ur}。落球式岩土力学特性测试试验场景如图5-10所示。

图 5-10 落球式岩土力学特性测试试验场景

动态平板荷载试验、落球式岩土力学特性测试试验作为无损检测技术,能在不损坏测试对象的前提下进行检测,同时由于其测试效率高、动力荷载更接近于道路的实际受力状况,将会越来越受到业内人士的青睐。

5.2.3 挖坑灌砂试验

干密度或者压实度是道路、堤防等填方工程控制填筑质量的一个重要指标。其中,测试干密度最直接的方法为挖坑灌砂法,该法尽管存在诸多问题,但仍是目前最为常用的填方工程检测手段之一。

挖坑灌砂试验从坑中挖出土质材料,并获取挖出材料的干密度。其中,材料的干燥重量和含水量通过烘干或酒精燃烧测试,而材料的原状体积则通过向坑内灌入已知密度的标准砂来获取。

该试验方法适用于现场测定基层或底基层、砂石路面及路基土的各种材料压实层的密度和压实度,但不适用于填石路堤等有大孔洞或大孔隙材料的压实度检测。

1. 仪器设备

挖坑灌砂试验需要的仪器设备如下。

(1) 灌砂筒。

(2) 金属标定罐。

(3) 基板、玻璃板、试验盘。

(4) 天平或台秤:称量 10~15 kg,感量不大于 1 g。

(5) 含水率测定器具:铝盒、烘箱等。

(6) 其他:凿子、改锥、铁锤、长把勺、长把小簸箕、毛刷、塑料桶等。

2. 试验步骤

(1) 对检测试样用同样的材料进行击实试验,获取最大干密度及最佳含水率。

(2) 预先测定标准砂的密度。

(3) 在试验地点,选一块平坦表面,并将其清扫干净,面积不小于基板面积。

(4) 根据表 5-2 确定试坑具体尺寸,并选用适宜的灌砂筒,试坑深度不超过测定土层厚度。

表 5-2 试坑尺寸

试样最大粒径/mm	直径/mm	深度/mm
20	150	200
40	200	250
60	250	300

(5) 按确定的试坑直径划出坑口轮廓线,在轮廓线内下挖至要求深度,边挖边将坑内试样装入盛土容器内,不要使水分蒸发,称试样质量,并应测定试样的含水率。

(6) 向容砂瓶内注满砂,关阀门,称容砂瓶、漏斗和砂的总质量。

(7) 将密度测定器倒置(容砂瓶向上)于挖好的坑口上,打开阀门使砂注入试坑。在注砂过程中不应振动。当砂注满试坑时关闭阀门,称容砂瓶、漏斗和余砂的总质量,并计算注满试坑所用的标准砂质量。

3. 成果整理

1) 试样湿密度计算

试样湿密度计算见式(5-9)

$$\rho_w = \frac{m_w \rho_s}{m_s} \tag{5-9}$$

式中，m_w ——试坑中取出的全部材料的质量，g；

m_s ——注满试坑所用标准砂的质量，g；

ρ_s ——标准砂密度，g/cm^3。

2）试样干密度计算

试样干密度按式(5-10)计算，并精确至 0.1 g/cm^3。

$$\rho_d = \frac{\rho_w}{1+0.01\omega_1} \tag{5-10}$$

式中，ω_1 ——试样材料的含水率，%。

5.3 弹性波速检测试验

5.3.1 岩体弹性波速检测技术

弹性波速体现了岩体的力学特征，是岩体物理力学性质的重要指标，与控制岩体质量的一系列地质因素有着密切的关系。

1. 岩体弹性波速检测

岩体弹性波速检测与混凝土弹性波速的检测方法相同，具体包括岩块（试件）和岩体的测定。根据岩块和岩体弹性波速的差别还可以进行岩体分级。

1）岩块弹性波速测定

岩块相对结构尺寸明确，而且可以根据检测需要进行制作。岩块弹性波速一般采用透射法和冲击回波法进行测定。

（1）透射法。

透射法是根据波的传播特征，通过测定已知测线上波在结构物体内部传播的旅行时间来计算弹性波的速度（见图 5-11），即当岩块或制作的岩块试件，具有两个或两个以上的测试端（面）时，可以把振源和接收器分别放在岩块的两端，通过测试弹性波在岩块两个端（面）旅行的时间差 Δt 和试样长度 L 来推算弹性波 P 的波速 V_P，见式(5-11)。

$$V_P = \frac{L}{\Delta t} \tag{5-11}$$

当岩块试样长度较短时，宜采用高频波进行透射测试，如超声波，其频率一般为 100 kHz～2 MHz，此时得到的超声波速为三维波速 V_{p3_u}。

当岩块试样长度较长（不低于 50 cm）时，可采用低频波进行透射测试，如冲击弹性波，此时得到的弹性波速不一定为三维波速。

（2）冲击回波法。

冲击回波法是基于弹性波和物体内部结构相互作用产生共振，由共振频率来计算结构内部弹性波传播波速的无损检测方法（见图 5-12）。该方法具有可单面检测，精度高，测深大，受结构材料组分与结构状况差异影响小的优点，因此可广泛用于试样的波速测定。冲击回波法测试岩块波速时，在试样的一个端面激振产生冲击弹性波，并在该端面接收相关信号，根据弹性波频率和试样长度计算波速。冲击回波法所采用的波为冲击弹性波，其频率一

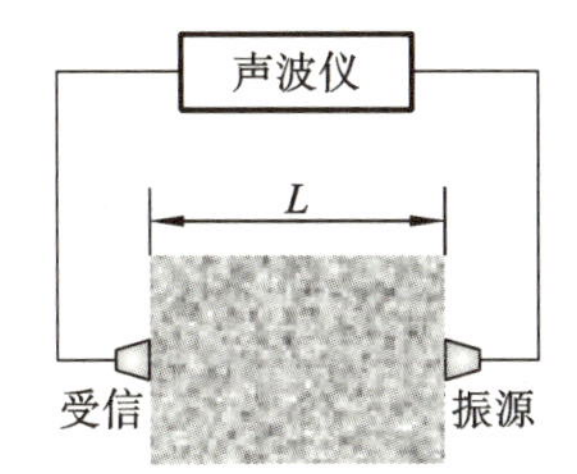

图 5-11　岩块弹性波速透射法测定示意

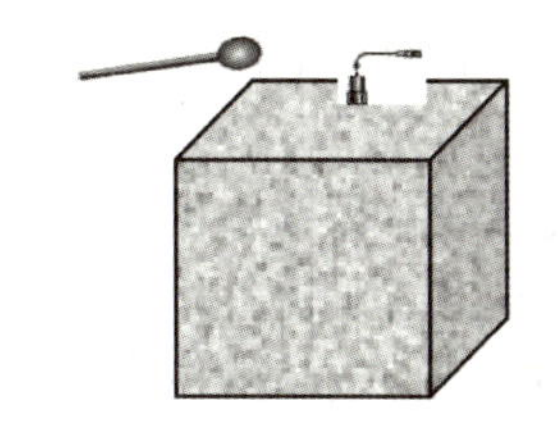

图 5-12　岩块弹性波速冲击回波法测定示意

般为数十千 Hz，其得到的波速为一维波速 $V_{\mathrm{pl\_e}}$。

2）岩体弹性波速的现场测定

岩体弹性波的传播速度可以采用单孔或跨孔的方法测定。单孔测定的是测试孔不同深度上两接收换能器之间孔壁岩体弹性波速的平均值；跨孔测定的是两孔之间不同深度岩体弹性波速的平均值。单孔和跨孔测定均能较好地反映被测介质的真实速度。

在岩体弹性波速的测试中所采用的波有超声波和冲击弹性波。其中，超声波测试距离一般不会超过 1 m，在实际应用中非常受限，而冲击弹性波可达数十米，具有更大的应用空间。

在岩体弹性波速测定中，体现岩体剪切特性的 S 波速测定也是常有的，S 波速测定主要包括两种方式：跨孔 SV 波和敲击板法 SH 波。岩体 S 波速测定示意如图 5-13 所示。

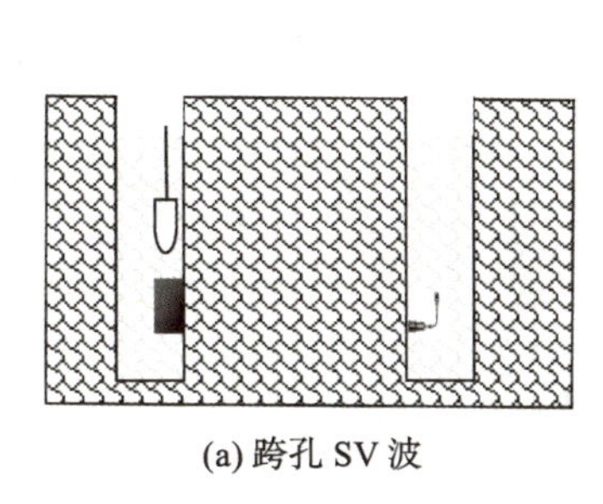

(a) 跨孔 SV 波

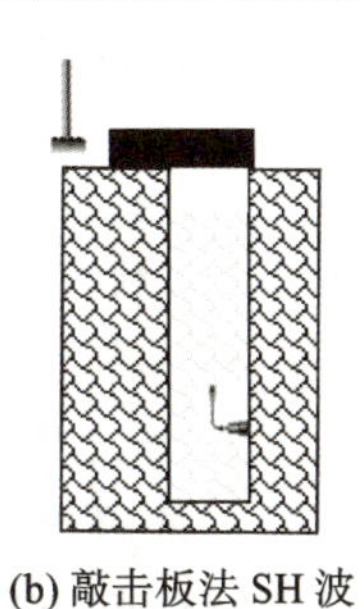

(b) 敲击板法 SH 波

图 5-13　岩体 S 波速测定示意

其中，跨孔 S 波速测定可靠性更高，但激振机构较为复杂。

2. 岩体弹性波速检测应用

作为运动学参数，岩体弹性波速检测广泛地应用于岩体性能的综合评价，如岩体完整性评价，岩石、岩体动变形特性检测等。

1）岩体完整性评价

岩体的完整性是决定岩体基本质量的一个重要因素，应该采用定性划分和定量指标两种方法进行确定。岩体完整性定性划分应根据结构面发育程度（包括主要结构面组数及其平均间距）、主要结构面的结合程度、主要结构面类型等进行综合判定。

岩体完整程度的定量指标可采用岩体完整性指数 K_v，K_v 应针对不同的工程地质岩组或岩性段，选择有代表性的点、段，测定岩体弹性纵波速，并在同一岩体取样测定岩石弹性纵波速。K_v 值可按式(5-12)进行计算得到。

$$K_v = (V_{\mathrm{pm}}/V_{\mathrm{pt}})^2 \tag{5-12}$$

式中，V_{pm} ——岩体(实体)弹性纵波速，km/s；

V_{pt} ——岩石(试件)弹性纵波速，km/s。

需要注意的是，在岩体和岩石中所采用的检测方法必须一致。例如，如果在试件上采用超声波测试，则在实体测试时也应该用超声波。同时，如果采用冲击弹性波，在试件测试采用冲击回波法(波速为 V_{p1_et})，而在实体检测时则通常采用透射法(波速为 V_{p3_em})，则岩体完整性指数 K_v 应按式(5-13)作如下修正。

$$K_v = (0.96V_{p3\_em}/V_{p1\_et})^2 \tag{5-13}$$

岩体完整性指数和岩体完整程度的对应关系，可按表 5-3 确定。

表 5-3 岩体完整性指数和岩体完整程度的对应关系

完整程度	完整	较完整	较破碎	破碎	极破碎
K_v	>0.75	0.75～0.55	0.55～0.35	0.35～0.15	<0.15

因此，岩体基本质量评价指标(BQ)可根据岩石坚硬程度指标 R_c(岩石单轴饱和抗压强度)和完整性指数 K_v 按式(5-14)计算得到。

$$BQ = 90 + 3R_c + 250K_v \tag{5-14}$$

当 $R_c > 90K_v + 30$ 时，应以 $R_c = 90K_v + 30$ 和 K_v 代入计算 BQ 值。

当 $K_v > 0.04R_c + 0.4$ 时，应以 $K_v = 0.04R_c + 0.4$ 和 R_c 代入计算 BQ 值。

2) *岩石、岩体动变形特性检测*

描述岩石、岩体动变形性的基本指标有岩石、岩体的弹性模量和泊松比。如果能够同时测试得到弹性波的纵、横波速，可以直接用式(5-15)和式(5-16)计算各向同性岩石、岩体的动弹参数。

$$E_d = \frac{\rho V_s^2(3V_p^2 - 4V_s^2)}{V_p^2 - V_s^2} \tag{5-15}$$

$$\mu_d = \frac{V_p^2 - 2V_s^2}{2(V_p^2 - V_s^2)} \tag{5-16}$$

式中，E_d、μ_d ——岩石、岩体弹性模量和动泊松比；

V_p、V_s ——岩石、岩体的纵、横波速；

ρ ——岩石、岩体的密度。

典型岩石的弹性模量和泊松比如表 5-4 所示。

表 5-4 典型岩石的弹性模量和泊松比

岩石名称	弹性模量/GPa	泊松比	岩石名称	弹性模量/GPa	泊松比
花岗岩	30～60	0.17～0.36 (0.25)	石英岩	18～69	0.12～0.27 (0.20)
正长岩	48～53	0.18～0.26 (0.25)	片岩	43～70	0.12～0.25 (0.20)
玄武岩	41～96	0.23～0.32 (0.25)	安山岩	38～77	0.21～0.32 (0.25)
中砂岩	28～48	0.15～0.25 (0.20)	页岩	12～41	0.10～0.35 (0.30)

续表

岩石名称	弹性模量/GPa	泊松比	岩石名称	弹性模量/GPa	泊松比
片麻岩	14～55	0.20～0.34 (0.30)	大理岩	9.6～75	0.10～0.35 (0.30)
泥灰岩	3.7～7.3	0.30～0.40 (0.35)	石膏	1.1～7.7	0.30

注:括弧内为一般选项。

5.3.2 岩土工程弹性波速检测技术

1. 概述

岩土工程的弹性波速测试与岩体工程本质上并无区别,但由于土质类材料为松散体,非线性强、应力依存性高,同时弹性波在其中传播的衰减大,因此测试的参数也有所侧重和不同。

1) 试件的检测

由于岩土材料取样后,会不可避免地被扰动,同时所受应力状况也会发生变化。因此,除少数有关抗震计算的参数以外,较少利用土质试件检测波速。

2) 水的影响

由于水具有较高的压缩刚性,弹性波中的纵波在水中的传播速度较快,可达 1450 m/s 左右,比一般的土质材料的纵波速要快。因此,在含水量较高或者地下水位以下的土质材料中测试弹性波速时,测试值会明显偏高。另一方面,水不具备剪切刚度(是否具备剪切刚度是固体与流体力学特性的主要区别),因此横波在水中无法传播。所以,横波几乎不受水的影响,从而更能反映材料的力学特性。

3) 测试方法

土质材料中 S 波的测试比 P 波的测试更有意义,因此 S 波检测是最为普遍的。但是,S 波的测试常常比 P 波的测试更为困难,因此,R(瑞利)波在土质材料的测试(也称为表面波法或面波法)中得到了一定的应用。R 波具有的特性如下。

(1) 能量主要集中于介质浅部,随深度的增加,能量迅速衰减,当深度达到一个波长时,振幅仅为表面 R 波振幅的 1/5,即 R 波的能量主要集中在一个波长深度内,其传播特性也主要受该深度内介质特性的控制。

(2) R 波主要沿介质表面传播,由于其振幅最大、能量最大、频率最低,所以很容易识别也易于测量,且对检测仪器要求不高。

(3) R 波的波速比横波略低,主要受材料的剪切刚度控制。R 波速 V_R 与剪切波速 V_s 有如式(5-17)的近似关系。

$$V_R = \frac{0.87 + 1.12\mu}{1+\mu} V_s \tag{5-17}$$

式中,V_s、V_R ——剪切波速、R 波速;

μ ——介质泊松比。

(4) 在弹性成层介质中,R 波速 V_R 与频率有关,即具有频散性。V_R 与频率之间的相互关系称为频散曲线,它受分层厚度、弹性模量、密度等参数的影响,因而 V_R 直接反映了地下介质的结构和物性。

表面波法为土体剪切波速的测试提供了一个高效快捷的手段，即无须在地层中钻孔，震源检波器均布置在地表面上。此外，通过分析频散曲线(如 F-k 法，SWR 法等)，还可以推算地下结构的层状分布，表面波法是一种适用范围广泛的原位测试方法。

需要注意的是，由于表面波法是一种依据频散曲线反推地下构造的方法，因此其测试结果具有一定的多解性，即解析结果可能不唯一。所以，对表面波测试的结果最好能够用其他方法进行校验。

表面波法根据其激振方式，可分为瞬态表面波和稳态表面波。当然，稳态表面波的测试更为稳定和可靠，但设备较重，工作效率较低。

4) 动、静弹性模量间的关系

由于土体部分具有较强的非线性和黏性，因此，动测法得到的动弹性模量要远远大于静测法得到的静弹性模量，而且其相差可达数十倍甚至上百倍。因此，一般不采用动测法来推算材料的静弹性模量。

2. 岩土工程弹性波速检测应用

如路基结构层厚度检测，其应用 R 波测定路基结构层厚度的原理是基于层状介质中 R 波频散曲线的变化规律，它除与结构层的物理参数有关外，还与结构层厚度密切相关，尤其是频散曲线的拐点即 $\frac{\partial V_R}{\partial \lambda}$（$V_R$ 为 R 波速，λ 为波长）的极值点，只与结构厚度有关。各层的界面深度计算见式(5-18)。

$$H_j = \beta\lambda_j \ (j = 1,2,3,\cdots) \tag{5-18}$$

式中，H_j ——第 j 层底界面深度，m；

j ——系数，可取 0.35～0.5；

λ_j ——极值点处对应的波长，m。

确定了各层的底界面的深度，即可计算出各层的厚度。

5.3.3 应用实例

1. S 波检测实例

图 5-14 为 S 波检测实景。

图 5-14 S 波检测实景

2. P 波检测实例

某水电站隧道岩体进行了 P 波速检测(跨孔弹性波 CT 检测),测试采用孔内激振/接收。跨孔现场检测如图 5-15 所示。

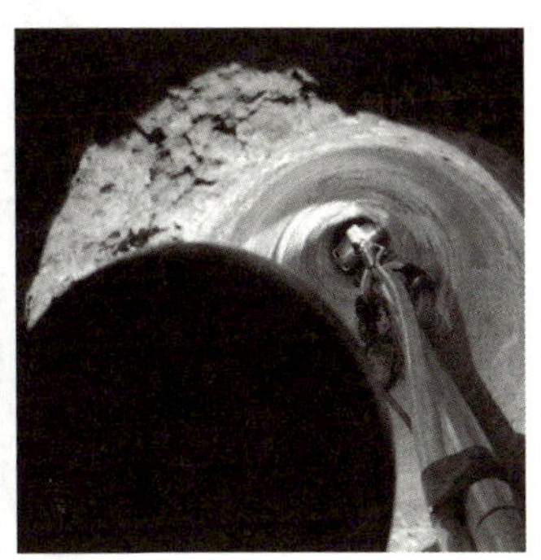

图 5-15　跨孔现场检测

测线布置及测试波形如图 5-16 所示,断面测试结果等值线如图 5-17 所示。

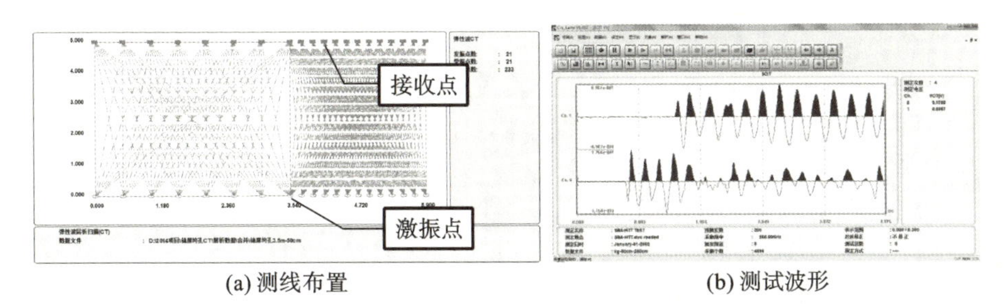

(a) 测线布置　　(b) 测试波形

图 5-16　测线布置及测试波形

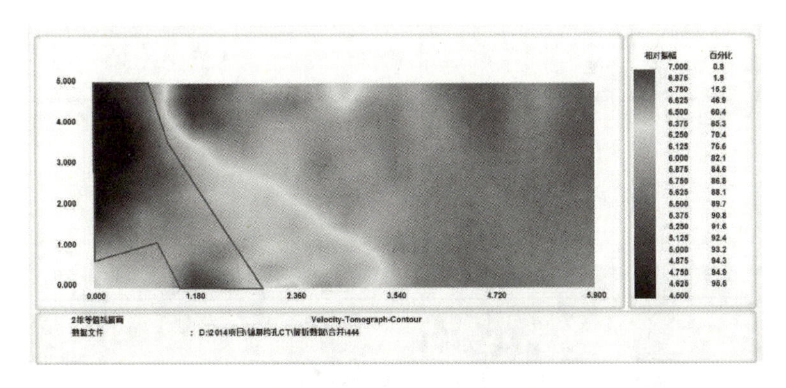

图 5-17　断面测试结果等值线

3. R 波检测实例

某胶凝砂砾石坝进行了 R 波速检测,R 波现场检测如图 5-18 所示。

R 波试验布点如图 5-19 所示。R 波试验传感器间距为 2 m,激振位置距离触发传感器 2 m,距离受信传感器 4 m。一次测试完成后,移动后一个传感器,传感器间距仍然为 2 m,激振位置距离触发传感器 2 m,距离受信传感器 4 m,进行下一段 2 m 测试,如此类推。

从图 5-20 测试坝段 R 波等值线分布可以看出,坝体质量相对较差、碾压不均匀。

图 5-18 R 波现场检测

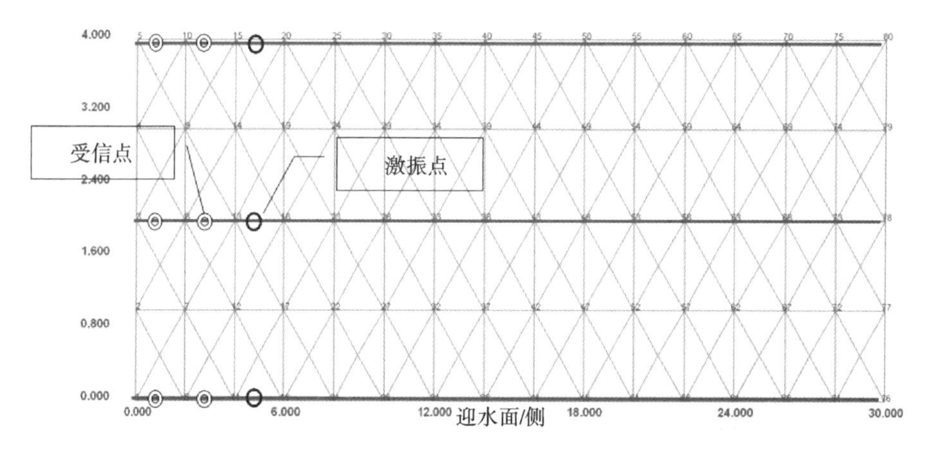

图 5-19 R 波试验布点

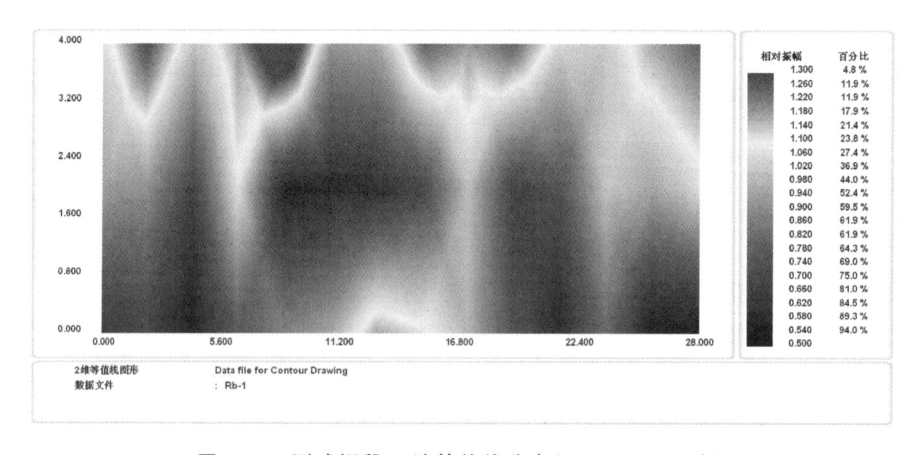

图 5-20 测试坝段 R 波等值线分布(500～1300 m/s)

习　题

1. 在岩体测试中,测得纵波波速为 4500 m/s,横波波速为 2500 m/s,密度为 2700 kg/m^3,试求该岩体的动弹性模量及其泊松比。

2. 在岩体、岩土检测中,弹性波可以在哪些方面发挥优势?

项目6　预应力结构

学习目标

1. 知识目标

(1) 了解预应力结构的基本特点及其在工程中的应用。

(2) 掌握空悬式锚索和埋入式锚索预应力的主要检测方法。

(3) 熟悉孔道灌浆密实度的定性和定位检测方法。

2. 能力目标

(1) 能够正确选择并应用合适的检测方法进行预应力结构的现场检测。

(2) 能够准确分析检测结果,评估预应力和灌浆密实度的质量。

(3) 提升实际操作能力,熟练运用检测技术进行预应力和灌浆密实度的检测。

3. 思政目标

(1) 培养预应力结构检测的职业道德,增强工程质量和安全的责任感。

(2) 认识预应力和灌浆密实度检测的重要性,树立科学严谨的工作态度。

(3) 增强服务社会和保护公共安全的使命感,通过学习检测技术为预应力结构工程质量保驾护航。

预应力结构是在结构构件受外力荷载作用前，先人为地对它施加压力，由此产生的预应力状态用以减小或抵消外荷载所引起的拉应力，即借助于混凝土或者岩体较高的抗压强度来弥补其抗拉强度的不足，达到推迟受拉区开裂的目的。以预应力混凝土制成的结构，因其以张拉钢筋的方法来施加预压应力，所以也称预应力钢筋混凝土结构。由于采用了高强度钢材和高强度混凝土，预应力混凝土构件具有抗裂能力强、抗渗性能好、刚度大、强度高、抗剪能力和抗疲劳性能好的特点，对节约钢材（可节约钢材 40%～50%、混凝土 20%～40%）、减小结构截面尺寸、降低结构自重、防止开裂和减少挠度都十分有效，可以使结构设计得更为经济、轻巧与美观。

此外，广义的预应力结构还可以包括拉索、拉杆等承载、支护结构，如悬索桥、斜拉桥、边坡锚索等。预应力桥梁如图 6-1 所示。

图 6-1　预应力桥梁

预应力结构根据预应力的大小可分为全预应力混凝土结构和部分预应力混凝土结构。全预应力混凝土结构指在全部荷载（按荷载效应的标准组合计算）及预应力共同作用下受拉区不出现拉应力的预应力混凝土结构，具有抗裂性能好，抗疲劳性好，设计计算简单等优点；部分预应力混凝土结构则允许构件在承受较重荷载时出现拉应力。

预应力结构根据预应力的施加方法分为先张法和后张法。先张法是先张拉预应力钢束，后浇筑结构混凝土，等混凝土养护期后放开两端的张拉设施形成结构内的预应力；后张法是先浇筑结构混凝土，预留预应力管道，等养护期后，在管道内穿入预应力钢束，在两端进行预应力张拉。两者的不同点在于先张法需要专门的预应力张拉台座，预应力钢束与混凝土以黏结力锚固，一般不需要锚具。后张法需要锚具，不需预应力张拉台座。

预应力结构主要由预应力筋/索、保护介质（灌浆料）和锚固装置三大部分组成。工程中导致预应力损失的原因如下。

（1）预应力本身缺陷。

现场张拉采用液压千斤顶进行张拉，在张拉过程中，控制不严格或者锚固装置的损坏都会导致张拉不充分，导致预应力值达不到设计要求。其次，随着预应力结构的使用，预应力筋疲劳，也会导致预应力损失。

（2）保护介质的缺陷。

保护介质的缺陷主要体现在管道灌浆不密实。灌浆不密实则会导致钢筋与筋体之间黏结力不够，也会导致水和空气的进入，使得钢绞线锈蚀。

6.1 预应力检测

斜拉桥，吊桥，中、下承式拱桥，幕墙，大跨度屋顶等结构以其良好的跨越能力和优美的造型受到设计者青睐。在其施工及成型后的维护中，拉索与吊杆的张力测试将贯穿整个过程。预应力结构(混凝土梁、岩锚、吊杆、拉杆等)在服役的过程中，不可避免地会出现各种老化、劣化现象(如混凝土强度降低，预应力损失等)。同时，在预应力结构的制作中，预应力张力的损失也时有发生，严重者甚至会造成安全隐患和垮桥等恶性事故，从而给社会带来经济损失。

锚索按照外露情况可分为埋入式和空悬式，按照锚固结构可分为拉力型、压力型和荷载分散型(拉力分散型、压力分散型、剪力分散型和拉压复合型)。锚索的检测内容如下。

(1) 空悬拉杆、吊杆、锚索的张力。

(2) 埋入预应力体系的锚下预应力。

6.1.1 空悬式锚索预应力检测

1. 概述

吊索、拉杆这类外部没有包裹的预应力结构可视作空悬式锚索/杆，空悬式锚索/杆可以分为如下两类。

(1) 均质结构：锚索，拉杆本身均质。

(2) 层状结构：锚索外部有外壳保护层。

2. 预应力测试方法

目前国内外常用的索力测试方法有以下几种。

1) 油压表法

该方法利用液压千斤顶在油压面积一定时，运用筋体张力与油泵液压成正比的原理来检测。在现场可以由张拉系统上经过标定的油压表直接读出张力。

2) 传感器法

该方法是直接在拉索或吊杆锚头与垫板之间放置压力传感器测定其张力。在传感器受力时，内部的应变片会相应地伸长或者压缩，利用测量仪器可测试出应变片的电阻，通过变换关系可以换算成相应的应变。根据弹性力学的应力应变关系就可以算出相应的索力值。

3) 频率法

利用附着在拉索上的精密传感器，采集拉索在环境激励或人工激励下的振动信号，经过频谱分析确定拉索的自振频率，然后根据自振频率与索力的关系确定索力。该法具有操作简单、费用低和设备可重复利用的优点，特别适用于对索力的复测和测试活载对索力的影响。但是，该方法需要激发锚索的基频，对于很长的锚索，可能存在难以激发的问题。

对于自由锚索、拉杆，张力 T 与其第 N 阶横向自振频率 f_N 的关系可以表示为式(6-1)的形式

$$T=\frac{4\rho \cdot L^2 \cdot f_N{}^2}{N^2}-\frac{EI \cdot N^2 \cdot \pi^2}{L^2} \tag{6-1}$$

式中，E ——材料的弹性模量，对锚索可取 200 GPa，拉杆可取 206 GPa；

I——截面惯性矩，对于圆形界面，$I=\pi D^4/64$，D 为截面直径；

L——锚索自由部分的长度(或称为计算长度，略短于实际长度)；

ρ——锚索的线密度，即单位长度的质量。

式(6-1)右边第一项即反映了弦振动，第二项则反映了弯曲刚度 EI 的影响。

在实际的索力测试中，要注意以下因素影响。

(1) 边界条件的影响以及计算长度的确定。

(2) 测试频率的阶数的确定。

(3) 阻尼器的影响。

(4) 外壳的影响，包括外壳承担的张力，振动频率的影响等。

4) *磁通量法*

磁通量法是利用小型电磁传感器，测试磁通量变化，再根据索力、温度与磁通量变化的关系，推算索力。电磁传感器由两层线圈组成，除磁化拉索外，它不会影响拉索的其他任何力学特性和物理特性。铁磁材料的磁通量特性取决于其内部的应力状态，只要通过试验得出某种铁磁材料的磁通量随应力、温度变化规律，就可使用磁通量法检测该种材料制造的拉索索力。该方法的磁通量传感器为非接触性传感器，对结构无损伤、维护成本低、使用寿命长、抗干扰能力强、测量精度高，但测试前需要预埋传感器、成本高，适用于桥梁的重要部分。该法对于激振困难的拉索等有效，目前处于研究试验阶段。

3. 工程实例

贵州惠水的某桥采用频率法对吊杆的加载前、后张力进行了检测。桥梁为钢筋混凝土中承式双曲拱桥，孔跨布置为净跨 90 m，桥梁全长 115.6 m，桥面宽 20.5 m，设计荷载等级为汽车城—A 级。其中主孔为双肋式中承拱，拱肋为普通混凝土结构。吊杆顺桥向间距 485 cm，采用 OVMLZM(K)7 型高强钢丝成品束，吊杆两端均采用冷铸锚，上下两端分别锚于拱肋及横梁内。

其中，上游方向 16、17 号及下游 1、2 号吊杆均为下端裸露、上端有套筒，其余吊杆整体均有锚固。为了检验外壳对检测结果的影响，对拉杆在钢绞线上，以及外壳上均进行了对比测试。桥梁及测试情景如图 6-2 所示。

图 6-2　桥梁及测试情景

检测分两次进行，即加载前(无交通荷载)和加载后(道路中央 6 辆 30 t 的载重车，共计 1800 kN)。典型测试波形及分析频谱如图 6-3 所示。

根据测试结果，有如下结论。

(1) 尽管大部分吊杆有套筒，但通过合适的传感器固定方式(如粘贴)和激振方式，以及采用频谱对比，也可以得到合理的测试结果。

(2) 加载前张力的分布呈两端大、中间小的趋势，加载后张力的变化则相反，呈两端小、中间大的趋势。

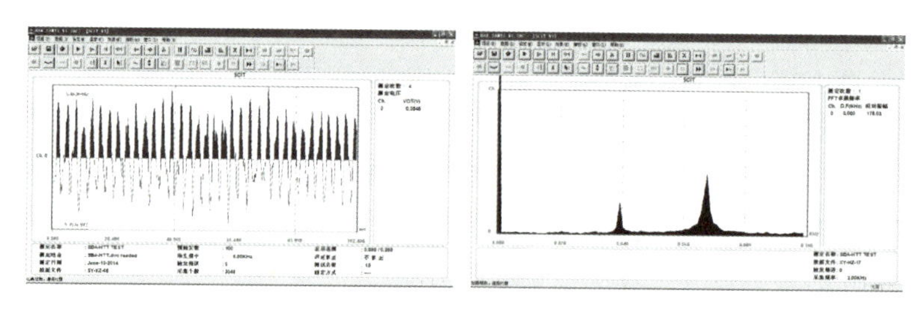

图 6-3　典型测试波形及分析频谱

(3) 加载后全部吊杆的张力增加值为 1525 kN,与加载的 1800 kN 吻合(部分荷载由两端支座承受)。

6.1.2　埋入式锚索预应力检测

1. 概述

埋入式锚索是将锚索埋于孔道中,并用灌浆体保护起来。埋入式锚索与空悬式锚索的边界条件有很大的不同,而且埋入式锚索无法对内部锚索激发自由振动,只能通过对锚头或露出锚索激振。因此,依靠频率的测试方法存在非常大的缺陷,严重影响测试范围和测试精度。

在实际工程中,存在钢绞线不连续的情况,导致张力严重不足,进而威胁结构的安全。

造成钢绞线不连续的原因如下。

(1) 在反弯点,管壁变形或者管壁破损造成混凝土浆液流入硬化,使得钢绞线难以穿过。此时,有的施工人员就采取从两端伸入钢绞线的方法(见图 6-4)。

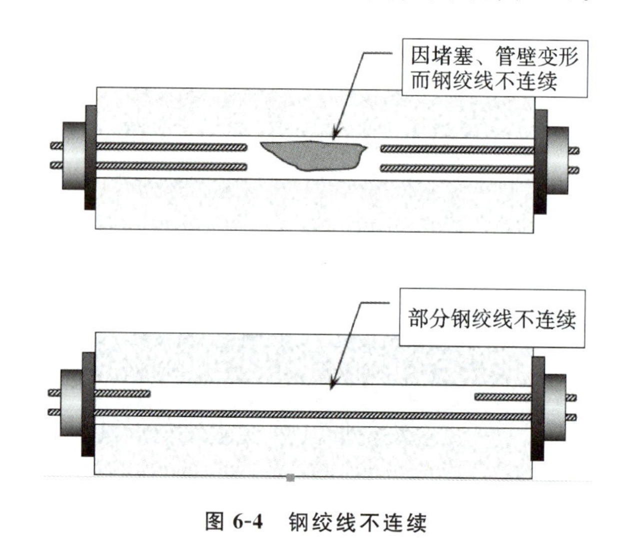

图 6-4　钢绞线不连续

(2) 部分施工人员恶意地偷工减料,在两端设置设计的钢绞线,而在中间则减少钢绞线的根数。

钢绞线不连续造成钢绞线的有效截面积不够,无法张拉到设计的预应力值,导致结构抗拉能力严重不足。因此,准确地检测出锚索(杆)的现有张力是十分必要的。

2. 有自由段索力检测

对于有自由段的锚索,通常采用二次张拉法对结构的预应力进行检测。

二次张拉法检测示意如图 6-5 所示，在外露的钢绞线上安装工具锚，并在工具锚和原锚头之间设置千斤顶的位移、力传感器，其中位移传感器用于检测夹片的位移。

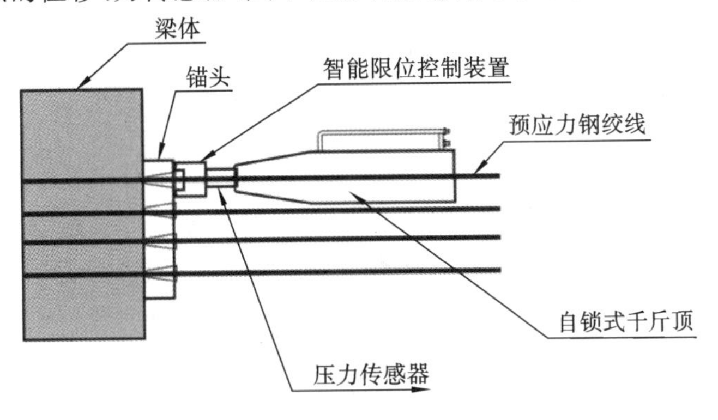

图 6-5　二次张拉法检测示意

张拉钢绞线，当反拉力小于原有预应力时，夹片与钢绞线不发生位移，当反拉力大于有效预应力时，夹片向外移动，随着钢绞线的伸长一起发生位移。理论上讲，只要夹片相对于锚头发生位移，即可判断张拉力已经大于有效预应力值。此外，夹片产生的相对于锚头的位移与孔道内钢绞线的自由段长度有密切关系。

反拉检测开始时，随着油泵加压，反拉力慢慢增大，各个部件的间隙被逐渐排除，此阶段反拉力增加速度较慢，而位移增加量较大；图 6-6 中 OA 段结束后曲线斜率趋于稳定，随着反拉力增加，钢绞线产生弹性变形，曲线斜率稳定；到图 6-6 中的 AB 段末，反拉力达到有效预应力和静摩擦力之和，反拉力持续作用，夹片将随着钢绞线向外移动，直至被限位板限制住；当夹片松动后反拉力继续增大，位移增长更为明显。

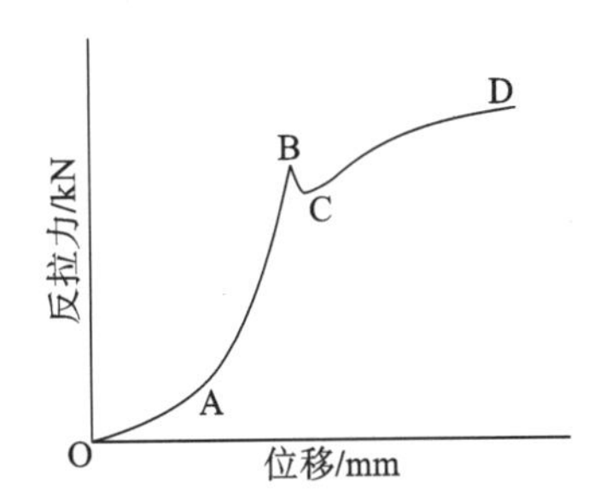

图 6-6　反拉检测的张拉力-位移曲线

测试过程是在外露单根钢绞线上直接安装集成式前卡千斤顶（含智能限位装置及压力传感器），千斤顶启动后钢绞线被张拉，并在反拉过程中识别反拉力及锚索产生的位移，通过监视反拉力及位移的变化来智能终止反拉。根据记录的反拉力值绘制曲线进行分析，以计算出锚索的有效预应力，同时又不破坏锚索的现有状况。现场反拉试验及软件测试曲线如图 6-7 所示。

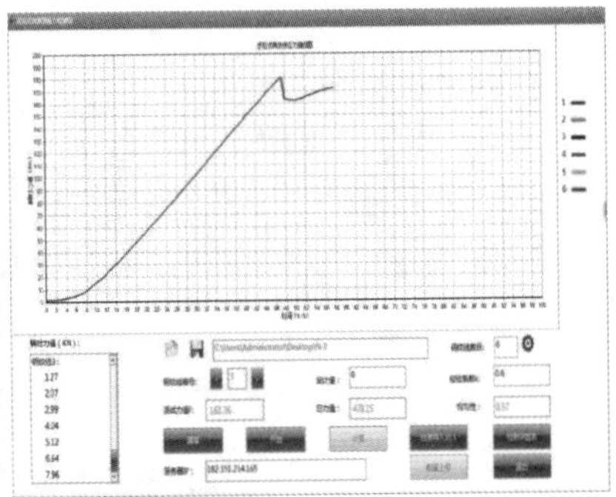

图 6-7　现场反拉试验及软件测试曲线

3. 埋入式索力检测

当埋入式锚索采用整体灌浆，不存在自由段时，则无法采用二次张拉法检测索力。在这种情况下，可采用等效质量法（TTEM）进行检测。

可以将锚头与垫板、垫板与混凝土或岩体的接触面模型简化成图 6-8 所示的弹簧支撑体系。

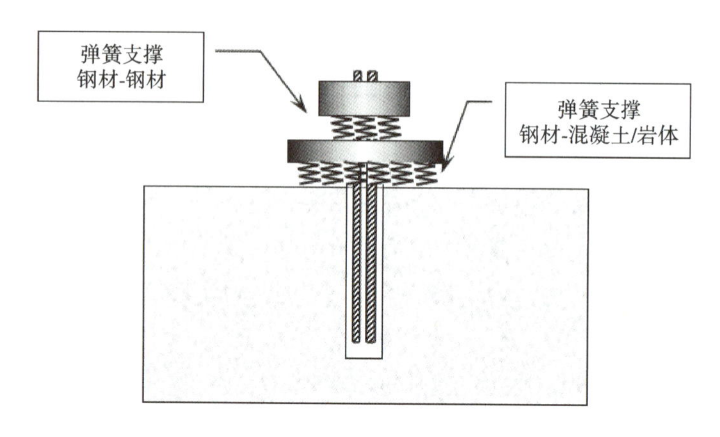

图 6-8 简化后的弹簧支撑体系

该弹簧体系的刚度 K 与张力（有效预应力）有关，锚头激振诱发的系统基础自振频率 f 可以简化为式（6-2）的形式。

$$f=\frac{1}{2\pi}\sqrt{\frac{K}{M}} \tag{6-2}$$

式中，M——锚索质量；

K——刚度系数。

通过式（6-2）发现，埋入式锚索在检测时，锚固力越大，自振频率 f 也就越大。

根据“等效质量”原理，利用激振锤（力锤）敲击锚头，并通过粘贴在锚头上的传感器接收锚头的振动响应，可以快速、简单地测试锚索（杆）的现有张力。等效质量法测试模型如图 6-9所示。

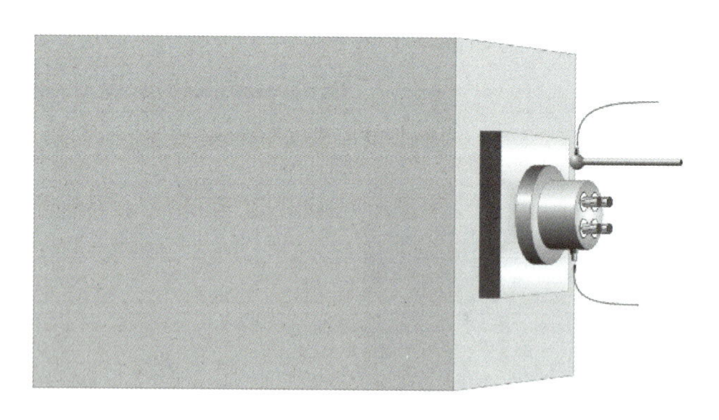

图 6-9 等效质量法测试模型

等效质量法也受到一些边界条件的限制，如外露钢绞线过长时会影响测试精度，而且计算参数的标定也较为复杂。

4. 工程实例

下面是采用等效质量法对贵阳某大桥预制箱梁张力进行的检测和验证(见图 6-10 和图 6-11)。

图 6-10　现场张力检测场景

(a) 压力机加压

(b) 测量伸长值

图 6-11　现场张力标定

(1) 验证结果。

张力验证测试结果(9 束)如表 6-1 所示。

表 6-1　张力验证测试结果(9 束)

锚索编号	T1Z-1-D9	T1Y-2-D9	T2Z-1-D9
实际张力/kN	1757.7		
测试结果/kN	1756.7	1666.9	1642.8
相对误差	−0.06%	−5.17%	−6.54%

(2) 实际应用。

对 3 个 12 束锚索(设计值应为 2343 kN),现场测得 H1-1、H1-2、H1-4 的张力分别为 1332.01 kN、1780.55 kN、387.98 kN,其张力数值均低于理论值。同时,测得的灌浆密实度指数也很低,表明这些锚索存在极大的安全隐患,因此施工方对此 3 个孔道及时进行退束(推出钢绞线)处理,发现结果同检测结果一致,灌浆质量很差。为此,施工方重新进行了张拉和灌浆,从而保证了施工质量。

6.2 孔道灌浆密实度检测

6.2.1 概述

高强度钢绞线在张力的作用下很容易发生钢筋锈蚀和应力腐蚀，所以要保证预应力混凝土的强度和耐久性就必须保证混凝土对钢绞线包裹密实。当波纹管内灌浆不密实时，水和空气很容易就进入波纹管内，导致处于高度张拉状态的钢绞线发生锈蚀，造成有效预应力降低，极大地影响桥梁的安全性、耐久性，甚至发生工程事故。同时，水的冻胀作用会使原来的小缺陷越变越大，加剧结构内部钢筋的锈蚀。因此，对灌浆缺陷的检测成为保证预应力桥梁质量的重要环节。

在 20 世纪 50 年代，各国学者就对如何保证预应力混凝土灌浆密实性的质量展开了研究。直到 1985 年，英国威尔士的 Ynys-y-Gwas 大桥（建于 1953 年）在没有一点预兆的情况下突然倒塌，才真正引起人们的重视。经调查，事故原因正是预应力孔道内灌浆不密实，水和空气渗入，导致预应力钢筋锈蚀、断裂。灌浆不密实或未灌浆导致的波纹管内钢筋锈蚀如图 6-12 所示。

图 6-12 灌浆不密实或未灌浆导致的波纹管内钢筋锈蚀

6.2.2 孔道灌浆密实度缺陷的成因及其等级划分

1）孔道灌浆密实度缺陷的成因

造成孔道灌浆密实度缺陷的原因有如下几点。

（1）真空负压效果差导致灌浆不饱满。

部分工程虽然使用了真空泵，但是真空泵取得的效果不明显，没有形成理想真空效果是导致灌浆不饱满的首要原因。塑料波纹管预应力孔道在施工过程中难免会被混凝土挤压存在一定变形。穿过钢绞线后孔道空隙更小，孔道真空负压极小，水泥浆压进过程沿途压力损失比较大，推进动力只有外压力而没有内吸力，因此随着水泥浆不断地压进，压力逐渐减小。而孔道断面较大，水泥浆从压浆口开始的整个断面推进逐渐变成断面下部先推进，随着压浆泵持续加压，后进的水泥浆才逐渐充满整个断面。当某个断面因为孔道变形而变得比较小，该断面就会先于它前后的断面充满了水泥浆，隔断了这个断面与压浆口之间的空隙空气的排出通道，最后该部分空气便遗留在孔道内无法排出。当这部分空气被压缩到和水泥浆的压力平衡时，会形成最终无法充满的比较大的空间，这样不但使该段预应力孔道不能充满，还加大了后面水泥浆的压力损失，使后面的推进更容易形成空隙。

(2) 排气孔和灌浆孔的位置不正确，导致排气不完整。

在实际工程中，部分的预应力孔道的排气孔位置布置不妥，给孔道留下灌浆盲端和盲点，致使压浆不饱满。侧如，横向预应力孔道的排气孔和灌浆孔，大多数都偏离了施工图所设计的位置，离预应力孔道两个端部普遍有 25～40 cm 的距离，如图 6-13 所示。

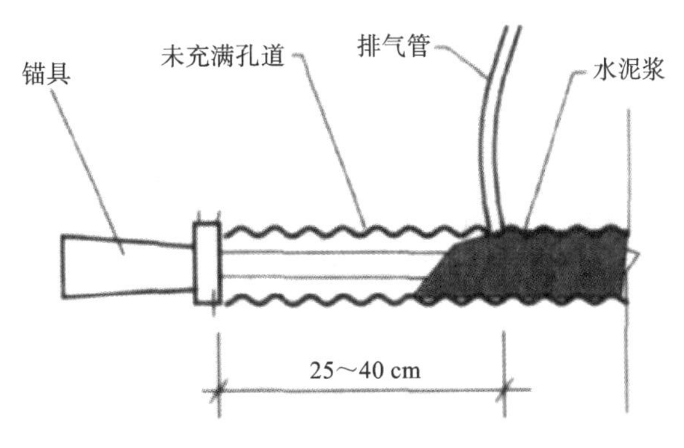

图 6-13　横向预应力孔道灌浆效果

2)孔道灌浆密实度等级划分

结合国外经验与东南大学叶见曙教授等学者提出的灌浆密实度的分级标准，灌浆密实度分为如下 4 级。

(1) A 级：注浆饱满或波纹管上部有小蜂窝状气泡、浆体收缩等，与钢绞线不接触。

(2) B 级：波纹管上部有空隙，与钢绞线不接触。

(3) C 级：波纹管上部有空隙，与钢绞线相接触。

(4) D 级：波纹管上部无砂浆，与钢绞线相接触并严重缺少砂浆。D 级又可细分为 D1、D2 和 D3 级，分别对应大半空、接近全空和全空。

灌浆危害等级示意如图 6-14 所示。

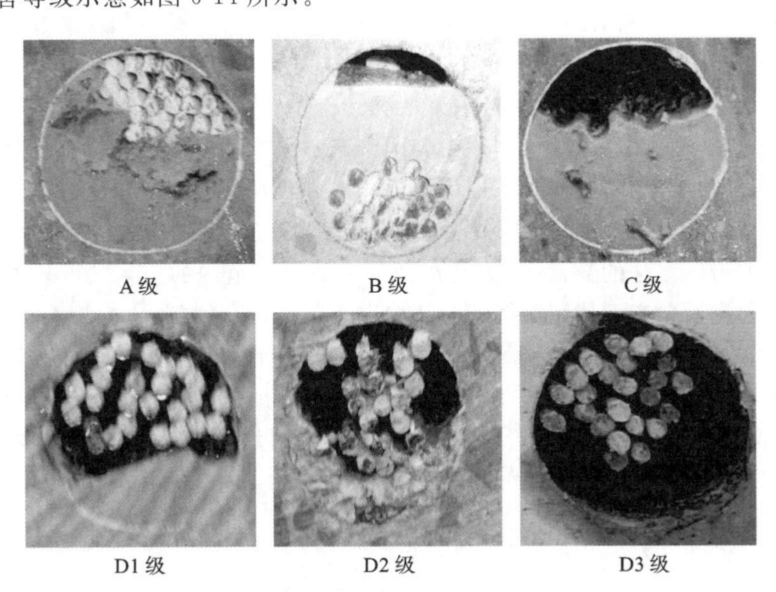

图 6-14　灌浆危害等级示意

6.2.3 灌浆密实度检测方法

按照检测所使用的媒介，灌浆密实度检测方法可以分为如下几种。

1）钻芯、钻孔检测法

钻芯、钻孔检测是最传统的灌浆缺陷检测技术，是一种局部破损的检测方法，加之钻芯、钻孔的工作量大、效率低、费用高、容易对结构内部钢筋造成损伤等，使得该方法无法进行大面积的检测。

2）基于放射线的检测方法

这里的放射线主要是指 γ 射线、X 射线、中子线等。这种检测方法的优点在于成像直观，分辨能力强。但测试设备庞大，测试所需的费用高，检测效率低且有一定的危险性。所以，基于放射线的检测方法在国内没有推广使用。

3）电磁波雷达法

电磁波遇到障碍物会被反射回来，因而雷达根据电磁波的这个特性而产生。探地雷达能够对预应力混凝土的孔道缺陷进行检测，但电磁波对于铁皮波纹管以及钢筋排布密集的部位则无法穿透，所以无法用探地雷达对上述两种情况进行检测。

4）超声波透射法和超声相阵法

超声波透射法要求测试结构必须有两个相对的面是外露的。超声波透射法要求发射信号和接收信号的探头的连线必须垂直于检测面，且不适合箱梁等结构。超声波透射法检测费时、对测试面的要求高，在工程中应用较少。

超声相阵法采用的是反射的方法，不需要两个相对的测试面，通过分析从缺陷位置反射回来的信号，然后通过多点相阵成像，发现缺陷位置。但是，超声相阵法与超声波透射法一样，对检测面的要求比较高、检测的效率低，不适用于铁皮波纹管的检测。

5）冲击弹性波法

冲击弹性波法（冲击回波法）的检测原理与超声波检测原理相似，但是弹性波的能量更大，并且可以用于频谱分析，所以在检测领域的应用比较广泛。针对预应力孔道灌浆密实度检测，冲击弹性波法不仅可以在一个侧面进行检测，找出缺陷位置，而且可以在结构的两端进行透射，从而定性分析出整个孔道的灌浆情况。

冲击回波法是 20 世纪 80 年代中期由美国康奈尔大学和美国国家标准与技术研究院率先提出的，用于对混凝土和砌体结构进行无损评价，并且被证明是一种全方位的检测技术。

美国佛罗里达大学 Rinker 教授评估铁质孔道灌浆密实度最有效的检测方法就是冲击回波法。通过冲击回波法的频谱图，能基本评估出塑料孔道内的压浆情况。冲击回波法的测试方式是在检测对象表面使用激振锤对结构进行敲击，此时混凝土内部会产生 P 波、S 波和 R 波。这些波在混凝土内部传播时由于阻抗差异，弹性波会在混凝土内部产生反射、折射、绕射，导致波的能量发生变化。在混凝土表面放置的加速度传感器可以将反射回来的弹性波接收，接收器接收到反射回波后，通过频谱分析将时域转化为频域数据，然后确定回波的频率峰值 F。冲击回波法原理如图 6-15 所示。

6.2.4 定性检测

定性检测可以反映孔道整体的灌浆情况，是一种基于冲击弹性波的检测方法。在检测过程中对钢绞线的两端进行敲击，通过传感器接收的信号得到综合灌浆密实度指数（I_f）来

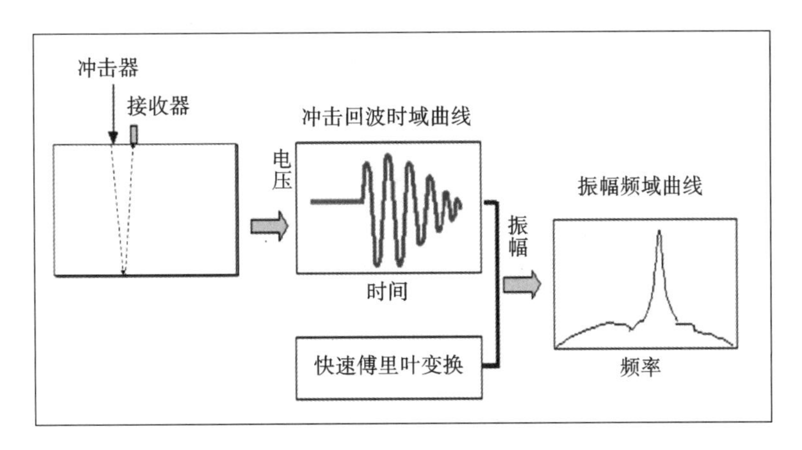

图 6-15　冲击回波法原理

对灌浆质量进行综合评判。由于灌浆料是一种半流体,灌浆缺陷通常出现在管道上部,所以在对孔道灌浆密实度检测的时候,只需要对最上面的一根钢绞线进行敲击即可。灌浆定性检测示意如图 6-16 所示。

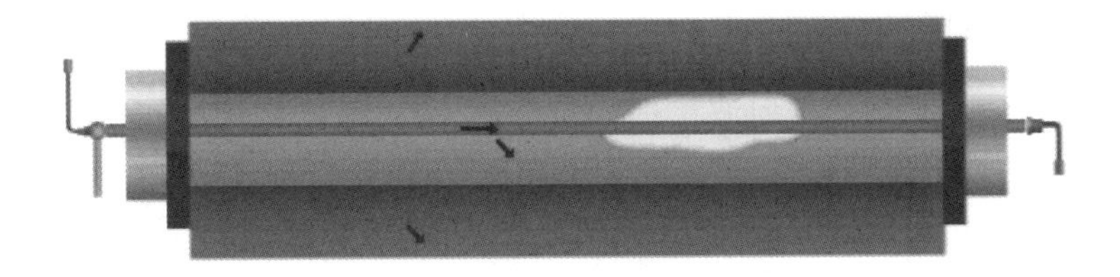

图 6-16　灌浆定性检测示意

综合灌浆密实度指数是依据对数据分别采用全长衰减法、全长波速法、传递函数法解析得到的三个指标而得出的。由于三种方法所需的测试信号类型相同,所以只需一次敲击就可以同时进行以上三种方法的解析。

(1) 全长衰减法(FLEA)。

由于弹性波在钢绞线中传播的过程中,能量会逸散到混凝土中,而且灌浆越密实,能量逸散越快,衰减越大,接收到的信号的振幅比越小;反之,若孔道灌浆不密实,弹性波就直接沿着钢绞线传播,能量衰减小,接收到的信号的振幅比增大。

(2) 全长波速法(FLPV)。

在不同介质中,弹性波的波速是不一样的。全长波速法是通过计算激振端和接收端的声时差来计算弹性波的波速,从而判断孔道全长的灌浆情况。在孔道几乎没有灌浆时,弹性波相当于在钢绞线上传播,波速约为 5.01 km/s,随着灌浆密实度的增加,弹性波的波速逐渐降低,当灌浆完全密实时,波速接近在混凝土中传播的速度。全长波速法原理如图 6-17 所示。

(3) 传递函数法(PFTF)。

该方法主要检测孔道端头附近的灌浆情况。在预应力梁的一端进行激振,当接收端存在不密实的情况时,会接收到高频的激振信号。因此,可以通过接收频率的变化来判断孔道灌浆情况。

根据上述 3 种不同评定方法可得到每种方法对应的灌浆指数 I_{EA} ,I_{PV} 和 I_{TF}。综合灌浆

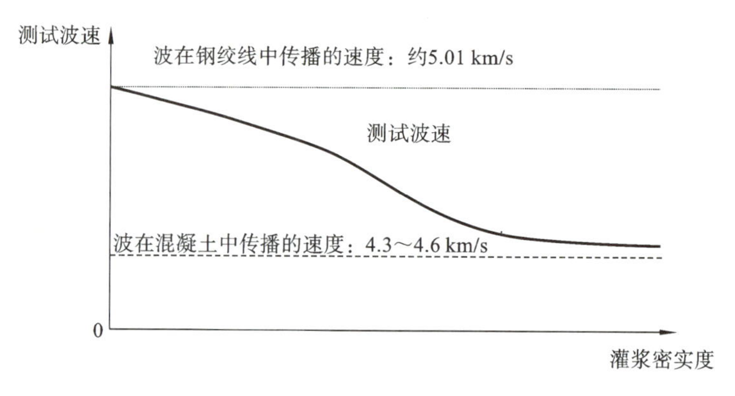

图 6-17 全长波速法原理

指数计算见式(6-3)。

$$I_f = (I_{EA} \cdot I_{PV} \cdot I_{TF})^{1/3} \tag{6-3}$$

这样，只要某一项的灌浆指数较低，综合灌浆指数就会有较明显的反应。通常，综合灌浆指数大于 0.95，意味着灌浆质量较好，而综合灌浆指数低于 0.80，则灌浆质量较差。

6.2.5 定位检测

传统的定位检测是采用冲击回波法进行检测的，通过敲击结构的侧壁或者顶端进行激振，接收管道底端的反射信号，来对缺陷的大小和位置进行确定。但是这种方法测试精度不高。后经改进有了冲击回波等效波速法(见图 6-18)、冲击回波共振偏移法等，测试精度得到大幅度提高。

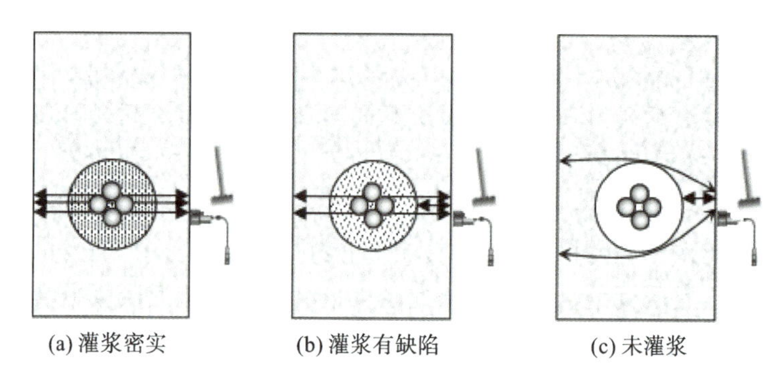

图 6-18 冲击回波等效波速法检测原理

1. 检测原理

根据在波纹管位置反射信号的有无以及梁底端的反射时间的长短，可判定灌浆缺陷的有无和类型。当孔道灌浆存在缺陷时，会产生如下情况。

(1) 激振的弹性波在缺陷处会产生反射(冲击回波法的理论基础)。

(2) 激振的弹性波从梁对面反射回来所用的时间比灌浆密实的地方长，因此等效波速(2 倍梁厚/梁对面反射来回的时间)就显得更慢(冲击回波等效波速法的理论基础)。

(3) 当激振信号产生的结构自由振动的半波长与缺陷的埋深接近时，缺陷反射与自由振动可能产生共振的现象，使得自由振动的半波长趋近于缺陷埋深(即共振偏移，冲击回波共振偏移法的理论基础)。

在定位检测时需要对不同的构件进行波速标定，通过标定的波速确定构件内部的基准线，与需要检测的构件的解析图形进行对比即可判别缺陷的大小和位置（见图 6-19）。

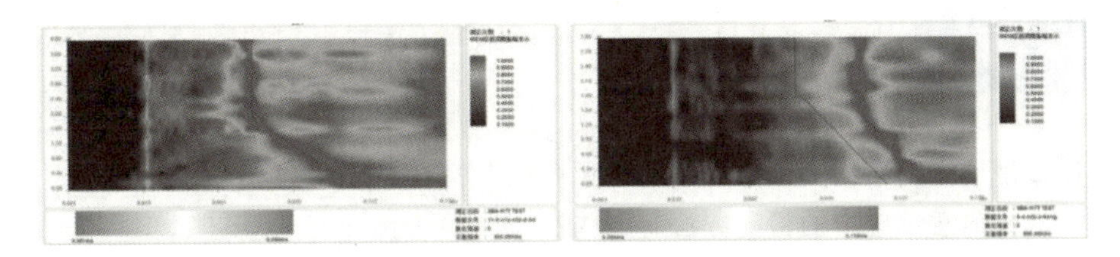

图 6-19　标定图像（左）和检测图像（右）

2. 工程实例

对佛山某大桥的现浇梁顶部（检测区顶板板厚约为 25 cm，铁皮波纹管直径约为 10 cm）的灌浆密实度进行检测和验证。

测试采用传感器专用支座及 D17 型敲击锤，结果显示检测区 0～5 测点范围内存在较为严重的灌浆缺陷，6～9 测点范围内灌浆较为密实（见图 6-20）。钻孔验证结果显示检测区 0～5测点内存在大量积水，且仅有少量灌浆料，在 0～5 测点钻孔孔道内打气，每孔均有气体冒出。6～9 测点内灌浆密实，未存在明显缺陷（见图 6-21）。

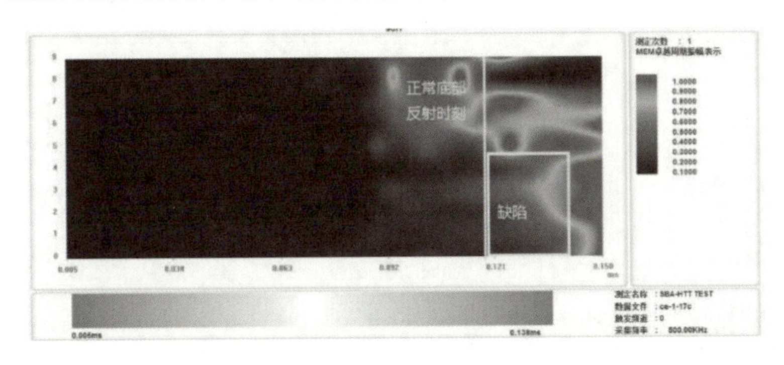

图 6-20　测试孔道等值线

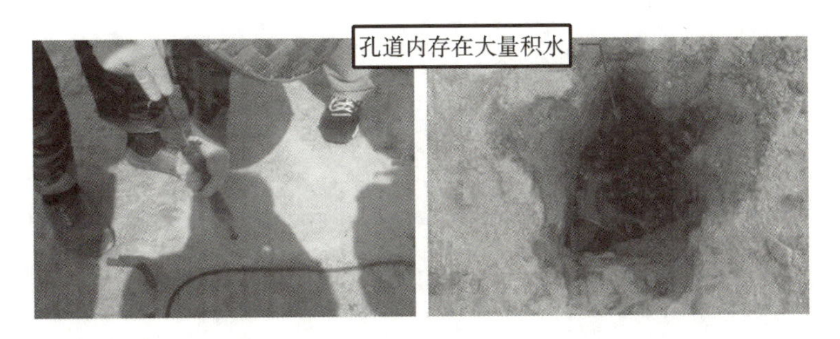

图 6-21　测试孔道钻孔、打气验证

习　题

1. 什么是预应力结构？预应力结构有哪些优点？
2. 空悬式锚索预应力的检测方法有哪些？
3. 埋入式锚索预应力的检测方法有哪些？
4. 测试孔道灌浆密实度有哪些方法？
5. 灌浆定性检测的评判依据是什么，各定性检测方法有什么优缺点？

项目 7　现场试验检测

学习目标

1. 知识目标

(1) 了解道路、桥梁、隧道等公路工程现场试验检测的基本原理和方法。

(2) 掌握常见的公路工程试验检测技术和操作规范。

(3) 熟悉公路水运工程试验检测相关标准和法规。

2. 能力目标

(1) 提升实际操作能力,能够独立进行公路工程的现场试验检测。

(2) 具备分析和解读检测数据的能力,能够为工程质量评估提供科学依据。

(3) 具备解决现场检测问题的能力,能够应对检测中的各种突发情况。

3. 思政目标

(1) 树立科学严谨的工作态度,增强对工程质量和安全的责任感。

(2) 培养职业道德,坚守检测工作中的公平、公正和诚信原则。

(3) 增强服务社会和保障公共安全的使命感,通过掌握检测技术为公路工程质量保驾护航。

现场试验检测又称原位检测，是保证工程质量的重要环节之一。现场试验检测的对象为结构系统部位或部件，为整个结构系统的一部分，一般不容许破坏或破坏后修复困难，因此目前多提倡无损检测。本章在介绍相关现场试验检测时，以无损检测为主，也介绍部分有损或微损检测。

7.1 道路工程现场试验

道路工程包括路基、路面工程。针对道路工程现场检测试验，我国专门颁布了《公路路基路面现场测试规程》(JTG 3450—2019)，该规程对几何尺寸、压实度、平整度、强度和模量、承载力、水泥混凝土强度、抗滑性能、渗水等作出了相应要求。本节将重点介绍几何尺寸、平整度、抗滑性能、渗水等相关现场检测试验。

7.1.1 路基路面几何尺寸测试

路基路面几何尺寸测试一般包括宽度测试、纵断面高程测试、路面横坡测试及中线偏位测试，以及厚度测试。

1. 宽度测试

路基路面各部分的宽度及总宽度要用钢尺沿中心线垂直方向水平测量，对于高速公路及一级公路，准确至 0.005 m；对其他等级公路，准确至 0.01 m。测量时钢尺应水平，不得将钢尺紧贴路面量取。路基路面宽度的测定方法看起来很简单，但对宽度的定义则各不相同，尤其是当路面有路拱横坡时，路面宽度必须是水平宽度，如果尺子贴地面测量，测定的是斜面，是不正确的。另外测定时不得使用皮尺，必须使用钢尺。

2. 纵断面高程测试

纵断面高程测试要将精密水准仪架设在路面平顺处调平，将塔尺分别竖立在中线的测点位置上，以路线附近的水准点高程作为基准。测记测定点的高程读数，以 m 为单位，准确至 0.001 m。连续测定全部测点，并与水准点闭合。

现今道路设计时对断面高程规定的断面位置并不统一，有的以中线位置为设计断面，有的以路基边缘为设计断面，对有无中央分隔带的情况也不一致，因此实际测试时无法规定测定位置，而应根据道路设计标准来确定测定位置。

3. 路面横坡测试

路面横坡、纵坡示意如图 7-1 所示。

对设有中央分隔带的路面：将精密水准仪架设在路面平顺处调平，将塔尺分别竖立在路面与中央分隔带分界的路缘带边缘 d_1 及路面与路肩交界处(或外侧路缘石边缘)的标记 d_2 处，d_1 与 d_2 两测点必须在同一横断面上，测量 d_1 和 d_2 处的高程，记录高程读数，以 m 为单位，准确至 0.001 m。

对无中央分隔带的路面：将精密水准仪架设在路面平顺处调平，将塔尺分别竖立在路拱曲线与直线部分的交界位置 d_1 及路面与路肩(或硬路肩)的交界位置 d_2 处，d_1 与 d_2 两测点必须在同一横断面上，测量 d_1 与 d_2 处的高程，记录高程读数，以 m 为单位，准确至 0.001 m。路面横坡测量如图 7-2 所示。

用钢尺测量两测点的水平距离，以 m 为单位，对高速公路及一级公路，准确至 0.005 m；

图 7-1　路面横坡、纵坡示意

图 7-2　路面横坡测试

对其他等级公路，准确至 0.01 m。

4. 路面中线偏位测试

公路竣工以后，其中线的实际位置与设计位置之间的偏移量，称为中线偏位。中线偏位的产生一般是在施工放样过程中，由测量误差引起的，也可能是施工中个别部位尺寸控制不严所造成的。在《公路工程质量检验评定标准 第一册 土建工程》(JTG F80/1—2017)中规定，竣工后的土石方工程、路面工程等都要确定其平面位置、纵向高程和几何尺寸，以确定该工程的优劣，而其中公路中线的偏位检测最为重要。

对于有中线坐标的道路，首先从设计资料中查出待测点 P 的设计坐标，用经纬仪对该设计坐标进行放样，并在放样点 P' 做好标记，量取 PP' 的长度，即为中线平面偏位 Δc_1，以 mm 为单位。对高速公路及一级公路，准确至 5 mm；对其他等级公路，准确至 10 mm。

而对于无中线坐标的低等级道路，应首先恢复交点或转点，实测偏角和距离，然后采用链距法、切线支距法或偏角法等传统方法敷设道路中线的设计位置，量取设计位置与施工位置之间的距离，即为中线平面偏位 Δc_1，以 mm 为单位，准确至 10 mm。

5. 厚度测试

路基路面各结构层厚度的检测方法与结构层的层位及其种类有关，基层和砂石路基的厚度可用挖坑法测定，沥青面层及水泥混凝土路面板的厚度应用钻芯取样法测定，或用地质雷达法测定。路基路面各层施工完成后及工程交工验收检查使用时，必须进行厚度的检测。

1）挖坑法

根据现行相关规范的要求，按随机选点法，随机取样决定挖坑检查的位置，如为旧路，测点有坑洞等显著缺陷或处于接缝处时，可在其旁边检测。在选择试验地点时，可选一块约40 cm×40 cm的平坦表面作为试验地点，并用毛刷将其清扫干净。根据材料坚硬程度，选择镐、铲、凿子等适当的工具，挖开这一层材料，挖至层位底面。在便于挖坑的前提下，开挖面积应尽量缩小，坑洞大体呈圆形。边开挖边将材料铲出置于方盘内。用毛刷清扫坑底，作为下一层的顶面。将一把钢尺平放横跨于坑的两边，用另一把钢尺或卡尺等量具在坑的中部位置垂直伸至坑底，测量坑底至钢尺底面的距离，该距离即为检查层的厚度，以mm计，准确至1 mm。

测试完成后，应对测试坑进行修复处理，一般用取样层的相同材料填补试坑。对有机结合料稳定类结构层，应按相同配比用新版的材料分层填补，并用小锤夯实整平；对无机结合料稳定类结构层，可用挖坑时取出的材料，适当加水拌和后分层填补，并用小锤夯实整平。

2）钻芯取样法

根据现行相关规范的要求，按随机选点法，选择钻孔检查的位置。如为旧路，测点有坑洞等显著缺陷或处于接缝处时，可在其旁边检测。钻芯取样法一般用路面取芯机钻孔，仔细取出芯样，清除表面灰土，找出下层的分界。用钢尺或卡尺沿圆周堆成的十字方向四处量取表面至上、下层面的高度，取其平均值，即为该层的厚度，准确至1 mm。路面厚度钻芯测试如图7-3所示。

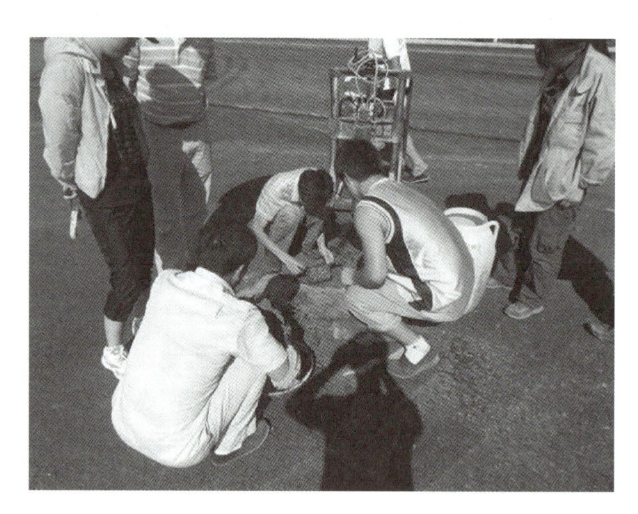

图7-3　路面厚度钻芯测试

钻芯取样后，应对钻孔进行修复处理，用取样层的相同材料填补钻孔。对正在施工的沥青路面，用相同的级配热拌沥青混合料分层填补，并用热的铁锤或热夯夯实整平；旧路钻孔也可用乳化沥青混合料修补；对水泥混凝土面板，应按相同配合比用新拌的材料分层填补，并用小锤夯实。新拌材料中宜掺入快凝早强的外掺剂。

在施工过程中，当沥青混合料尚未冷却时，可根据需要随机选择测点，用大改锥插入量取或挖坑量取沥青层的厚度，但不得使用铁镐，以免扰动四周的沥青层。热沥青路面厚度测量如图 7-4 所示。

图 7-4　热沥青路面厚度测量

3）地质雷达法

无论是挖坑法还是钻芯取样法，均会对测试层面产生一定破坏，而且修复复杂或修复之后达不到原有的效果。随着科学技术的发展，地质雷达、冲击回波等无损测试方法也开始应用到路基路面厚度检测当中。其中冲击回波法可以用于测试沥青路面和混凝土路面的厚度，而地质雷达法用于路面检测则更加快速高效。车载雷达测量路面厚度如图 7-5 所示。

图 7-5　车载雷达测量路面厚度

雷达测试只需要开启测试设备，沿着测试路面按一定速度匀速推行设备（独立式）或驾车行驶（车载式），当行进到达测试终点后，停止采集即可。行进过程中需要对特殊构造物，如涵洞、桥梁等加以记录。另外，为了准确计算出路面厚度，必须知道路面材料的介电常数，通常采用在路面上钻芯取样方法以获取路面材料的介电常数。具体做法：首先雷达天线在需要标定芯样点的上方采集，然后钻芯，最后将芯样的真实厚度数据输入设备程序中，计算出路面材料的介电常数或者雷达波在材料中的传播速度。路面材料的介电常数会随集料类型、沥青产地、密度、湿度等的不同而不同。因此，雷达测试路面厚度时，应注意相关干扰因素对测试结果的影响。

7.1.2 路面平整度测试

路面的平整度与路面各结构层次的平整状况存在着一定的联系，即各层次的平整效果将累积反映到路面上，路面平整是汽车快速、舒适、安全行驶的基本要求，路面平整度检测是以规定的标准量规，间断地或连续地测量路表面的凹凸情况，即不平整度的指标，是路面进行验收和养护的重要环节。常用的平整度测试设备可分为断面类和反应类。

断面类是通过测量路面纵向断面高程值，直接计算出国际平整度指数 IRI 表征路面的平整度，如 3 m 直尺、连续式平整度仪、激光平整度仪等。反应类是通过测量车辆在路面上通行时车轴与车身之间的垂直位移或车身的加速度作为路面不平整度的反应值，其测试结果与车辆的动态性能有关，因而具有时间不稳定、不易转换、难比较等固有特征，需要通过与国际平整度指数 IRI 之间的相关关系，间接换算成国际平整度指数 IRI 来表征路面的平整度，如车载式颠簸累积仪、BPR 平整度测试仪等。

1. 3 m 直尺法

3 m 直尺法有单尺测定最大间隙及等距离(1.5 m)连续测定两种方法。两种方法测定的路面平整度有较好的相关关系。前者常用于施工质量控制与检查验收，单尺测定时要计算出测定段的合格率；等距离连续测定也可用于施工质量检查验收，要算出测定结果的标准差，用标准差来表示平整程度。

用 3 m 直尺测试时，应按有关规范规定选择测试路段，在测试路段路面上选择测试地点，并清扫路面测定位置处的污物。当沥青路面施工的质量需要检测时，测试地点应选在接缝处，以单杆测定评定。当对路基路面工程质量进行检查验收或路况评定时，每 200 m 测 2 处，每处连续测量 10 尺。除特殊需要外，应以行车道一侧车轮轮迹(距车道线 80～100 cm)带作为连续测定的标准位置，对旧路面已形成车辙的路面，应取车辙中间位置为测定位置，用粉笔在路面上做好标记。3 m 直尺法测试路面平整度如图 7-6 所示。

图 7-6 3 m 直尺法测试路面平整度

在施工过程中检测时，根据确定的方向，将 3 m 直尺摆在测试地点的路面上。目测 3 m

直尺底面与路面之间的间隙情况，确定间隙为最大的位置。用有高度标线的塞尺塞进间隙处，测量其最大间隙的高度；或用深度尺在最大间隙位置测量直尺上顶面距地面的深度，该深度减去尺高即为测试点的最大间隙的高度，准确至 0.2 mm。

单杆检测路面的平整度计算，以 3 m 直尺与路面的最大间隙为测定结果；连续测定 10 尺时，判断每个测定值是否合格，根据要求计算合格百分率，并计算 10 个最大间隙的平均值。

2. 连续式平整度仪试验

如图 7-7 所示，连续式平整度仪的标准长度为 3 m。前后各有 4 个行走轮。机架中间有一个能起落的测定轮。机架上装有蓄电池及可拆卸的检测箱，检测箱可采用显示、记录、打印或绘图等方式输出测试结果。测定轮上装有位移传感器、距离传感器等。自动采集位移数据时，测定间距为 10 cm，每一计算区间的长度为 100 m，每测定 100 m 输出一次结果。

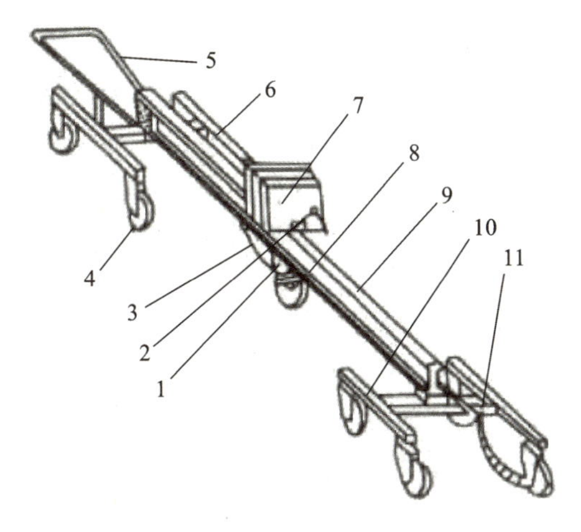

图 7-7　连续式平整度仪构造

1—测量架；2—离合器；3—拉簧；4—脚轮；5—牵引架；6—前架；7—记录仪；
8—测定轮；9—纵梁；10—后架；11—软轴

连续式平整度仪测试时，应按有关规范规定选择测试路段。当为施工过程中质量检测需要时，根据需要在测试路段路面上选择测试地点，并清扫路面测定位置处的污物。当为路面工程质量检查验收或进行路况评定需要时，通常以行车道一侧车轮轮迹(距车道线 80～100 cm)带作为连续测定的标准位置。对旧路已形成车辙的路面，应取一侧车辙中间位置为测定位置。

使用连续式平整度仪进行检测时，将平整度仪置于测试路段路面起点上，在牵引汽车的后部挂上平整度仪，如图 7-8 所示，放下测定轮，启动检测器及记录仪，随即启动汽车，沿道路纵向行驶、横向位置保持稳定，并检查平整度检测仪表上测定数字显示、打印、记录的情况。如检测设备中某项仪表发生故障，即停车检查，牵引连续式平整度仪的速度应均匀，速度宜为 5 km/h，最大不得超过 12 km/h。在测试路段较短时，亦可用人力拖拉平整度仪测定路面的平整度，但拖拉时应保持匀速前进。

3. 车载式激光平整度仪试验

国际平整度指数仪与路面的纵断面标高有关，具有客观性和唯一性，已在国外应用多年。目前中国的相关规范中已经引入了国际平整度指数，同时很多单位也引进了能够测量

图 7-8 牵引连续式平整度仪

路面纵断面，输出国际平整度指数的激光平整度仪。路面纵断面的测量可分为惯性原理和非惯性原理。国外的激光平整度仪一般采用惯性原理，即在检测系统中利用惯性元件（加速度计）校正车辆本身的振动。

车载式激光平整度仪采用激光传感器、垂直加速度传感器组成惯性参照路面纵断面剖面检测系统（见图 7-9），能实时检测包括短波长及长波长的路面纵断面剖面曲线（直线式检测类），并能同时获取各种路面评价指标，包括国际平整度指数（IRI）、平整度标准差（σ）、观测打分值（RN）、行驶质量指标（RQI）、路面构造深度（TD）。车载式激光平整度仪可在正常车速条件下对路面进行长距离快速自动检测，可以在新建、改建路面工程质量验收和无严重坑槽、车辙等病害及无积水、积雪、泥浆的正常通车条件下连续采集路段平整度数据。车载式激光平整度仪测试系统工作参数：测试速度区间为 30～100 km/h；采样间隔小于 500 mm；传感器测试精度小于或等于 0.5 mm；距离标定误差小于 0.1%；系统工作环境温度区间为 0～60 ℃。

图 7-9 车载式激光平整度仪

设备安装到测试车上以后应进行测试值与国际平整度指数（IRI）的相关性试验，并按要求对测试系统各传感器进行校准。检查测试车轮胎气压，应达到车辆轮胎规定的标准气压，车胎应清洁，不得黏附杂物。距离测量装置需要现场安装的，根据相关说明进行安装，确保机械紧固装置安装牢固。测试系统各部分应符合测试要求，不应有明显的可视性破损。

测试开始之前应让测试车以测试速度行驶 5～10 km，按照设备使用说明规定的预热时间对测试系统进行预热。准备开始测试后，测试车停在测试起点前 50～100 m 处，启动平整度测试系统程序，按照设备操作手册的规定和测试路段的现场技术要求设置完毕所需的测试状态。驾驶员应按照设备操作手册要求的测试速度范围驾驶测试车，宜在 50～80 km/h 之间，避免急加速和急减速，急弯路段应放慢车速，沿正常行车轨迹驶入测试路段。进入测试路段后，测试人员启动系统的采集和记录程序，在测试过程中必须及时准确地将测试路段的起、终点和其他需要特殊标记的位置输入测试数据记录中。当测试车辆驶出测试路段后，测试人员停止数据采集和记录，并恢复仪器各部分至初始状态。

激光平整度仪采集的数据是路面相对高程值，应以 100 m 为计算区间长度，用 IRI 的标准计算程序计算 IRI 值，以 m/km 计。

4. 车载式颠簸累积仪试验

车载式颠簸累积仪可高效、连续地采集和显示测试路段的断面信息，作为工程质量验收评定的重要手段，其具有效率高、操作简便等优点，在公路工程检测领域中应用越来越广泛，特别适合长路段、公路普查或路面质量评价等。

在测试车的底板上安装位移传感器，用钢丝绳与后桥相连，另一端与传感器的定量位移轮连接。当装载颠簸累积仪的车辆在被测路面以一定的速度行驶时，路面上的凹凸不平状况引起汽车的振动，使后桥与车厢间产生上下相对位移，钢丝绳带动定量位移轮转动输出脉冲信号。此信号经计算机数据采集处理判别换算成位移量并记录下来，该位移量即为位移累积值 VBI，以 cm/km 计，用来表征路面的平整度状况。VBI 越大，说明路面平整性越差，人体乘坐汽车时越不舒适。将测试得到的位移累积值 VBI，按照 IRI 的相关性标定，并以 100 m 为计算区间换算成相应的 IRI。

车载式颠簸累积仪测试系统工作参数：测试速度区间为 30～80 km/h；最大测试幅值为 ±20 cm；最大显示值为 9999 cm；系统最高反应频率为 5 kHz；垂直位移分辨率为 1 mm；距离标定误差小于 0.5%；系统工作环境温度区间为 0～60 ℃。

车载式颠簸累积仪测试过程与车载式激光平整度仪的基本一致，在此不再赘述。

3 m 直尺给出的是最大间隙值；连续式平整度仪给出的是均方差；激光平整度仪给出的是国际平整度指数(IRI)；车载式颠簸累积仪给出的是颠簸累积值。

7.1.3　路面抗滑性能测试

路面抗滑性能用以表征车辆行驶或受到制动时，车辆轮胎沿路表面滑移所产生的力，该力直接影响高速行驶车辆的安全性。因此公路建设部门和养护管理部门越来越重视路面的抗滑性能，并将其作为高等级公路交、竣工验收及养护质量检查评定中的一项重要指标。

高速公路、一级公路沥青路面的抗滑性能，以测试车在 60 km/h 速度下测得的横向力系数(SFC_{60})和构造深度(TD)为主要指标。在交工验收前或开通一年之内(除冬季外)测试路面抗滑性能指标，应符合表 7-1 的技术要求。

表 7-1　沥青路面抗滑技术指标

年平均降雨量/mm	交工验收值		
	横向力系数 SFC_{60}	动态摩擦系数 DF_{60}	构造深度 TD/mm
>1000	≥54	≥0.59	≥0.55
500～1000	≥50	≥0.54	≥0.50
250～500	≥45	≥0.47	≥0.45

抗滑性能的试验方法有多种，下面对横向力系数(SFC_{60})、构造深度(TD)相关测试方法进行介绍。

1. 横向力系数测试系统

横向力系数(SFC_{60})测试系统在测试轮偏角、轮荷载、轮胎类型等方面的技术标准存在差异。我国相关测试规程中介绍了单轮式横向力系数和双轮式横向力系数测试路面摩擦系数的方法。

单轮式横向力系数测试系统由承载车辆、距离测试装置、横向力测试装置、供水装置和主控制系统组成。其中主控制系统除实施对测试装置和供水装置的操作控制外，同时还控制数据的传输、记录和计算环节。该系统适用于在新建、改建路面工程质量验收和无严重坑槽、车辙等病害的正常行车条件下连续采集路面的横向系数。单轮式横向力系数测试系统构造如图7-10所示。

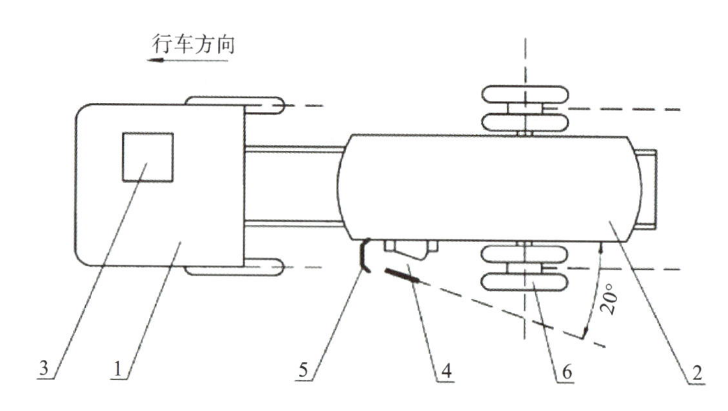

图7-10 单轮式横向力系数测试系统构造

1—承载车；2—水罐；3—数据采集与处理系统；4—测试轮系统；5—喷水系统；6—测试轮备胎

双轮式横向力系数测试系统由牵引车、供水装置、测量机构(包括荷载传感器)、计算机控制系统、标定装置等组成。其中牵引车最高行驶速度应大于80 km/h，车辆后部可安装专用于拖挂的装置，并配备警示标识。该系统适用于在新建、改建路面工程质量验收和无严重坑槽、车辙等病害的正常行车条件下测定沥青路面或水泥混凝土路面的摩擦系数。双轮式横向力系数测试系统构造如图7-11所示。

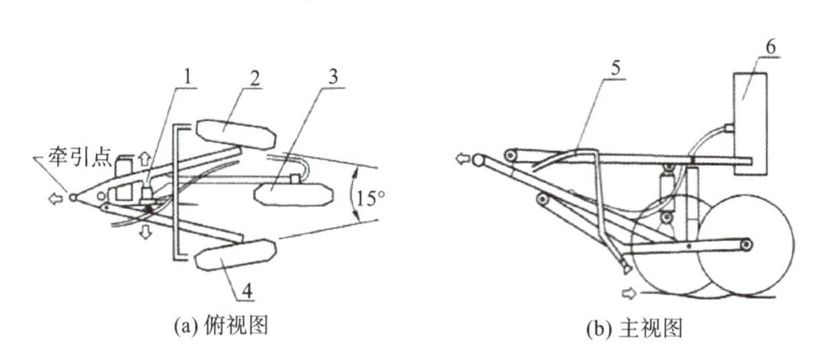

图7-11 双轮式横向力系数测试系统构造

1—拉力测试装置；2—旋转测试轮；3—距离测试装置；4—固定测试轮；5—供水装置；6—计算机控制系统

2. 构造深度测试系统

路面的构造深度(TD)是路面粗糙度的重要指标,与路面抗滑性能、排水、噪声等都有一定关系。构造深度测试试验方法包括手工铺砂法、电动铺砂法、激光法等。其中构造深度激光法试验与平整度激光法测试基本一致,但需要注意计算模式的差别,激光法与铺砂法测试结果存在一定的差异,因此进行激光法试验前需要与铺砂法进行相关性对比试验,在此不再叙述。

手工铺砂法与电动铺砂法都是将细砂铺在路面上,计算嵌入凹凸不平的表面空隙中的砂的体积与覆盖面积之比,从而求得构造深度。铺砂试验方法适用于测定沥青路面及混凝土路面表面构造深度,用以评定路面的宏观构造深度,从而对路面抗滑性能进行评价。

虽然手工铺砂法和电动铺砂法原理相同,但测定方法有差别。手工法是将全部砂都填入凹凸不平的空隙中,而电动法则是在玻璃板上摊铺后比较求得,所以两法测定结果存在差异。一般认为手工铺砂法误差较大,造成误差的原因较多,如装砂的方法无标准,摊砂用的推平板无标准等。因此采用手工铺砂法时,相关标准应尽可能统一或明确。而电动铺砂法需要对铺砂器进行标定,标定测试时做法要一致,如用砂应为同种砂,标定和测试应由同一试验人员完成。手工铺砂法试验如图 7-12 所示。

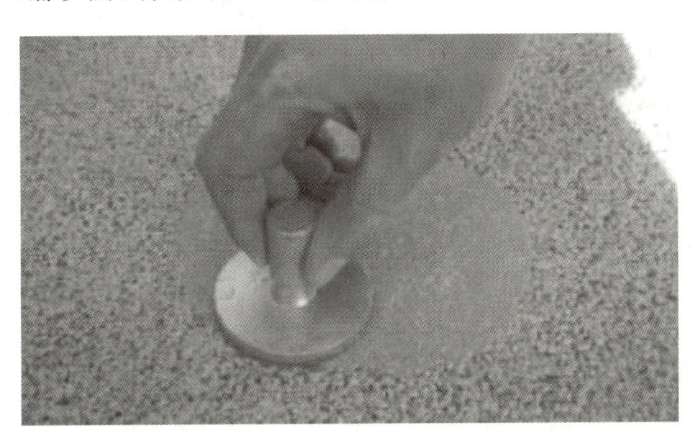

图 7-12　手工铺砂法试验

7.1.4　路面渗水性测试

沥青路面渗水性能是反映沥青路面混凝土混合料级配组成的一个间接指标,也是沥青路面水稳定性的一个重要指标。如果整个沥青面层均透水,则水势必进入基层或路基,使路面承载力降低。如果沥青面层中有一层不透水,而表层能很快透水,则不致形成水膜,对抗滑性能有很大好处。所以路面渗水系数已成为评价路面使用性能的一个重要指标,并列入了相关技术规程中。

路面渗水性试验用于测定现场沥青路面的渗水系数。路面渗水性现场试验如图 7-13 所示。路面渗水仪上部盛水量筒由透明有机玻璃制成,容积 600 mL,上有刻度,在 100 mL 及500 mL处有粗标线,下方通过直径 10 mm 的细管与底座相接,中间有一开关。量筒通过支架连接,底座下方开口内径 150 mm,外径 220 mm,仪器附不锈钢压重铁圈两个,每个质量约 5 kg,内径 160 mm。另外需要水桶、秒表、密封材料及其他辅助工具(如刮刀、粉笔、水、扫帚等)。

渗水性试验测试时,在测试路段的行车道路面上,按随机取样方法选择测试位置,每一

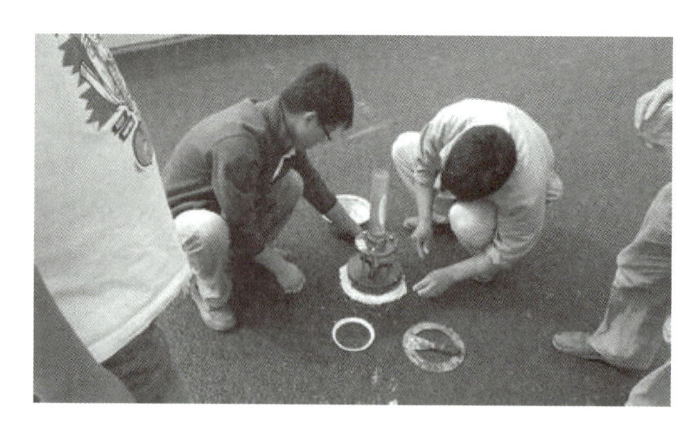

图 7-13 路面渗水性现场试验

个检测路段应测定 5 个测点，用刮刀或刷子将路面杂物清除，并用扫帚清扫表面，确保无杂物影响路面渗水性，且保证密封效果。

将清扫后的路面用粉笔按测试仪器底座大小画好圆圈记号。在路面上沿底座圆圈抹一薄层密封材料，边涂边用手压紧，使密封材料嵌满缝隙且牢固地黏结在路面上，密封材料圈的内径与底座内径相同，约 150 mm，将组合好的渗水试验仪底座用力压在路面密封材料圈上，再加上压重铁圈压住仪器底座，以防止水从底座和路面间流出。关闭细管下方的开关，向仪器的上方量筒中注入清水至满，总量为 600 mL。迅速将开关全部打开，水开始从细管下部流出，待水面下降 100 mL 时，立即开动秒表，每间隔 60 s，读记仪器管的刻度一次，至水面下降 500 mL 时为止。测试过程中，如水从底座与密封材料间渗出，说明底座与路面密封不好，应移至附近干燥路面处重新操作。如水面下降速度很慢，从水面下降 100 mL 开始，测得 3 min 的渗水量即可停止。若试验时水面下降至一定程度后基本保持不动，说明路面基本不透水或根本不透水，要在报告中进行注明。按同样方式对 5 个测点测定渗水系数，取其平均值作为检测结果。

7.2 桥梁工程现场检测

桥梁具有灵活的跨越性，可跨越天然的河谷山涧、沼泽海峡等，也可跨越人工设施，因此桥梁在现代道路工程中，受到工程师的广泛欢迎，是常见工程结构形式。随着一批批具有国际先进水平的特大桥梁的建成，如杭州湾跨海大桥、兴康特大桥等(见图7-14和图7-15)，新桥型、新材料、新工艺等在桥梁施工中得到了广泛应用。桥梁工程现场检测是保障桥梁安全施工、安全运营的重要手段。桥梁作为重要的工程结构，不宜采用破坏其结构力学特征的有损检测，而宜采用现场无损检测。

图 7-14 杭州湾跨海大桥

7.2.1 桥梁外观检测

桥梁外观检测属于桥梁常规性检查，以目测方式为主，也可配以简单的记录、测量工具，

图 7-15 兴康特大桥

如照相机、摄像机、钢卷尺等。桥梁外观检测主要针对桥面设施、上部结构、下部结构等出现的缺损及病害程度进行资料记录与说明，并估计缺损范围及养护工作量，为后期工作提供依据。

1. 桥面设施检查

桥面设施检查主要包括：桥面是否整洁，有无杂物堆积、杂草蔓生；铺装是否平整，有无裂缝、局部坑槽、积水、沉陷等(见图 7-16)；排水设施是否完好，桥面泄水管是否堵塞和破损；伸缩缝是否堵塞卡死(见图 7-17)，连接部件有无松动、脱落等；桥头是否存在跳车。构件表面涂层是否完好；构件有无损坏、缺件、老化变色、开裂、起皮、剥落、锈迹，连接部位是否松动、错位等。

图 7-16 桥面裂缝及破损

2. 上部结构检测

桥梁上部结构的检测根据桥梁类型不同，检测的内容和着重点有所区别。如悬索桥、斜拉桥，在常规检测中，应着重检测拉杆、斜拉索有无异常，应力索有无外露、锈蚀等；拉杆、拉索锚固端有无异常；索塔有无裂缝及混凝土缺陷等(见图 7-18)。而拱桥上部结构的检测则着重检测拱板结构是否存在异常，如混凝土拱板有无裂缝及其他缺陷、有无钢筋外露或钢筋有无锈蚀等。其他预应力混凝土梁则着重检测混凝土材质有无老化劣化、有无裂缝缺陷等。

无论何种桥型，经常做上部结构检测的目的是一样的，即针对特殊桥梁类型，及早发现关键部位的损伤或缺陷，及早采取进一步措施，维护桥梁安全运营。

图 7-17 伸缩缝堵塞清理

图 7-18 索塔结构外观检查

3. 下部结构检测

桥梁下部结构指“梁”以下的结构，如墩台及其下部基础设施等。桥梁下部结构检测是指对这些结构部位进行检查，并做好资料记录，如墩台是否有撞击损伤等。桥梁下部结构中的基础设施往往具有较强的隐蔽性，难以采用目测的方式进行常规性检查。

7.2.2 桥梁专项检测

桥梁专项检测往往是指根据桥梁外观检测的结果，对某些损伤进行专门检测或应急检测的行为。其检测范围很广，如索力、混凝土缺陷、裂缝检测等。

桥梁专项检测内容与桥型相关，下面的专项检测可能有的只适合某一类桥梁的某一方面的检测。

1. 预应力专项检测

桥梁预应力专项检测只能在桥梁施工过程中进行。检测方法有两种：一种是反拉法，该方法测试可靠性高，但需要在预应力孔道灌浆前，且张拉工作段未截断时进行，检测窗口时间很有限；另一种为无损检测，被称作等效质量法，该检测方法只要求预应力锚索锚固端外露，要求简单，但该方法标定要求较为苛刻，因此该方法多用于对比检测。

2. 索力专项检测

索力专项检测多指斜拉索、悬索拉杆的应力检测，常见的检测设备为索力检测仪、预应力锚索（杆）张力检测仪等。

3. 结构混凝土检测

结构混凝土检测多指对桥梁中的混凝土材料进行相应的现场检查，如现场检测混凝土材质，包括其弹性模量和强度；混凝土裂缝、表层缺陷及内部缺陷；混凝土结构钢筋保护层厚度、碳化深度等。该专项检测用到的主要仪器有超声回弹仪、裂缝深度检测仪、钢筋保护层厚度检测仪、混凝土多功能测试仪等。

4. 钢筋检测

钢筋检测指对钢筋混凝土结构中，钢筋的含量、直径、位置、锈蚀等进行检测的行为。该专项检测主要用到的设备仪器有钢筋定位仪等。

5. 结构检测

桥梁结构检测主要测量桥梁的变形、位移和桥面线形等，一般需要用到全站仪、精密水准仪等。

7.2.3　桥梁荷载试验

桥梁荷载试验是检验桥梁结构工作状态或实际承载能力的一种试验手段。一般桥梁荷载试验包括如下内容。

（1）检验桥梁设计与施工质量。

（2）验证桥梁结构设计理念和设计方法。

（3）评定桥梁结构的实际承载能力。

（4）桥梁结构动力特性及动态反应的测试研究。

桥梁荷载试验包括静荷载试验和动荷载试验，各试验的目的是获取荷载作用下，桥梁结构响应的各种参数。桥梁荷载试验检测参数如图7-19所示。

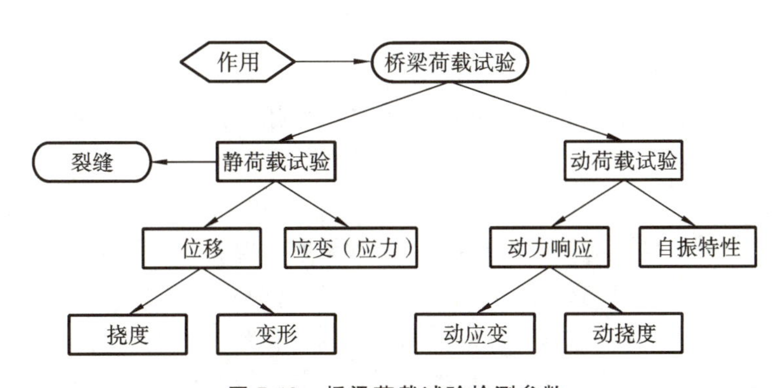

图7-19　桥梁荷载试验检测参数

1. 桥梁静荷载试验

桥梁静荷载试验是评估桥梁质量、结构承载能力及其他工作性能的基本方法（见图7-20和图7-21）。其主要检测参数包括桥梁的静载位移、应变沉降等。

图 7-20 桥梁静荷载试验

图 7-21 单梁静荷载试验

静荷载试验开展的工作包括：试验计算、加载试验、数据整理等。

1）试验计算

静荷载试验应进行必要的与试验有关的计算，相关计算的结果是确定试验荷载大小、加载等级等的理论依据，也可作为试验加载响应的期望值。如静荷载试验效率可按式(7-1)计算。

$$\eta_q = \frac{S_s}{S'(1+\mu)} \tag{7-1}$$

式中，S_s ——静荷载试验作用下，某一加载试验项目对应的加载控制截面内力、应力或变位的最大计算效应值；

S' ——检算荷载产生的同一加载控制截面内力、应力或变位的最不利效应计算值；

μ ——按规范取用的冲击系数；

η_q ——静荷载试验效率。

静荷载试验效率 η_q 是某一控制截面在试验荷载作用下的计算效应与该截面对应的设计控制效应的比值。对于在用桥梁，其使用荷载变化情况复杂且长期处于各种荷载作用之下，为使荷载试验能充分反映结构的受力特点，一般要求采用较高的荷载试验效率，其取值范围宜介于 0.95～1.05 之间。

2）加载试验

加载试验是静荷载试验的核心内容，考虑到加载时温度变化和环境的干扰，静荷载试验一般安排在晚上进行，如果加载时温度变化和环境的干扰不大，则不一定要安排在晚上。

试验荷载应分级施加，加载级数应根据试验荷载总量和荷载分级增量确定，可分成 3～5 级。当桥梁的技术资料不全时，应增加分级。当重点测试桥梁在荷载作用下的响应规律时，可适当增加加载分级。

加载过程应保证非控制截面内力或位移不超过控制荷载作用下的最不利值。当试验条件受限制时，附加控制截面可只进行最不利加载。

加载时间间隔应满足结构反应稳定的时间要求，应在前一荷载阶段结构反应相对稳定，进行了有效测试及记录后方可进行下一荷载阶段。当进行主要控制截面最大内力(形变)加载试验时,分级加载的稳定时间不应少于 5 min,对尚未运营的新桥,首个工况的分级加载稳定时间不宜少于 15 min。

3) 数据整理

整理桥梁现场数据,不仅要有完整的原始记录,还需要对试验得到的数据进行整理、计算、分析。静荷载试验得到的原始数据、曲线和图像等,往往数据量庞大,也不直观,无法直接用来对结构进行评价,必须进行必要的处理分析。例如,桥梁位移包括挠度和各种非竖向位移,这些参数不仅反映了桥梁在荷载作用下的形变特征,其大小或变化趋势也跟桥梁类型、传感器位置等有关系。因此,即使是同样的位移,也要结合原始记录等进行综合分析,方可得到科学合理的试验结果。

桥梁静荷载试验测试精度高,也是公认的精密检测方法,许多高校桥梁试验室也把它作为试验教学的重点,同时静荷载试验也存在不足,其不足主要体现在如下方面。

若对成桥做整体静荷载试验,必须施行限行措施,需要安装各类传感器,以采集相应的响应特征,不仅对交通影响大,成本也非常高。加载过程中虽然是分级加载,但对于承载力较低的桥梁,试验过程中很容易对桥梁造成一定的塑性变形,造成一定损伤,严重时可能致使桥梁出现裂缝等。此外,挠度测试,应力、应变测试也存在不同程度的局限。静荷载试验难以对桥墩、盖梁等下部结构进行检测,下部结构成为静荷载试验的盲区。

2. 桥梁动荷载试验

桥梁静荷载试验反映的是桥梁结构本身的动力特征,而桥梁是承受动荷载的结构物,因此,也要关注桥梁运营过程中的动态问题,还要研究车辆移动荷载引起的振动及其他动力响应等。

桥梁动荷载试验涉及的问题和所有工程振动试验研究的问题相似,基本可以归为三个方面:桥梁外部震源、结构动力特征和动力响应。桥梁外部震源是引起桥梁振动的外作用,如行驶的车辆的激励、船舶碰撞、强风对大跨度悬索桥的激励以及地震等。

结构动力特征是桥梁的固有特征,主要包括固有频率、阻尼比、动力冲击系数及动力响应等,是桥梁动态试验中最基本的内容,也是评价桥梁结构整体刚度及运营能力的重要指标。

动力响应表示桥梁在特定动荷载作用下的动态输出,桥梁结构动力响应主要参数为动应力、动挠度、加速度等。

桥梁动荷载试验(见图 7-22 和图 7-23)是利用某种激励使桥梁结构振动,以此测定桥梁结构的固有频率、阻尼比、振型、动力冲击系数、动力响应(加速度、动挠度)等参数的试验项目,从而宏观判断桥梁结构的整体刚度和运营性能。桥梁动荷载试验最常用的激励方式有跑车试验、跳车试验、刹车试验等。

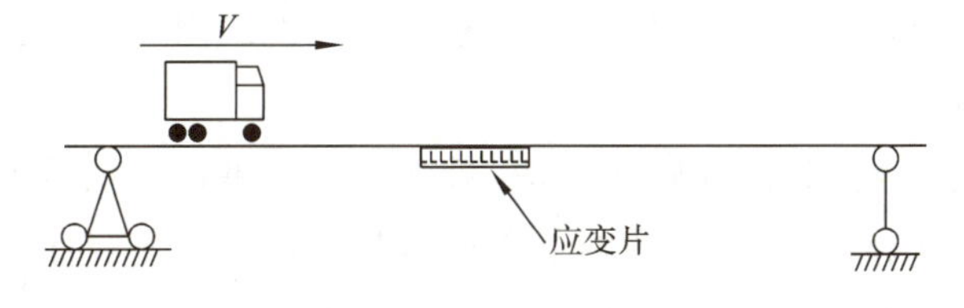

图 7-22　桥梁动荷载试验示意

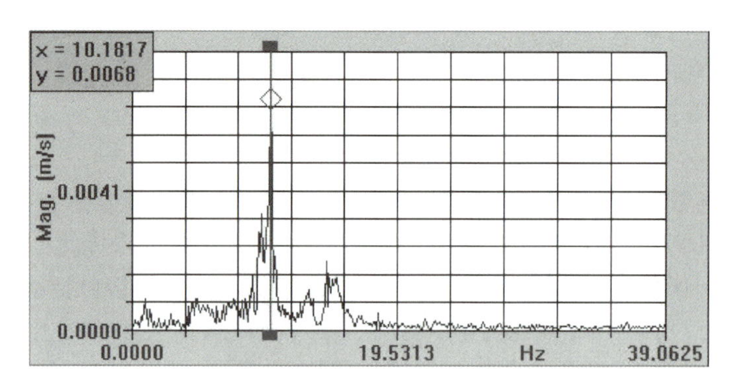

图 7-23　桥梁动荷载试验频率特征

7.3　隧道工程现场检测

隧道是现代交通工程、水利工程、国防工程等常用的工程结构形式。隧道往往横贯于山体之中或纵横于地下，是典型的地下工程。隧道本体既包括围岩又包括锚杆、衬砌等人工设施，其中锚杆主要用于加固混凝土衬砌，用以及时进行支护，控制围岩的变形和松弛，使围岩成为支护体系的组成部分。隧道工程运营中，要求支护体系具有相当的承受能力，否则会给隧道安全造成巨大隐患。对隧道工程病害要及早检测发现，及早进行防治处理，保证隧道的长期稳定和使用功能的正常发挥。因此，保证隧道工程质量，保障安全施工、安全运营的现场试验必不可少。

隧道工程现场检测主要包括：隧道开挖质量检测、喷锚衬砌施工质量检测、混凝土衬砌施工质量检测、防排水检测、辅助工程施工质量检查、施工监控测量、超前地质预报、运营隧道结构检查等。

7.3.1　隧道开挖质量检测

隧道开挖质量的评定包括两项内容：一项为检测开挖断面的规整度，一般采用目测的方法进行评定；另一项为超欠挖检测，需通过对大量实测开挖断面数据进行计算分析，才能作出正确的评价。

隧道开挖是控制隧道施工工期和造价的关键工序，超挖或欠挖是隧道开挖过程中的普遍现象。超挖不仅会增加出渣量、衬砌工程量，还会额外增加回填工程量，导致工程造价上升，同时，局部的过度超挖会引起应力集中，影响围岩稳定性。而欠挖，因侵占了结构空间，直接影响到支护结构厚度，带来工程质量问题，产生安全隐患。欠挖处理费工费时，影响工期，且欠挖处理时，开挖轮廓不易控制、容易引起更大超挖。因此，必须保证开挖质量，为围岩的稳定和支护创造有利条件。

超欠挖检测试验一般采用激光断面仪法，激光断面仪是把现代激光测距和计算机技术相结合开发出来的硬件、软件一体化的隧道断面测量仪器。激光断面仪法的测量原理为极坐标法，以某物理方向（如水平方向）为起算方向，按一定间距依次测定仪器旋转中心与实际开挖轮廓线的交点之间的距离及其与水平方向的夹角，将这些交点依次相连即可获得实际开挖的轮廓线。

超欠挖的计算在计算软件的帮助下能够自动完成实际开挖轮廓线与设计开挖轮廓线的空间匹配，并可输出各点与相应设计开挖轮廓线之间的超欠挖值（见图 7-24）。

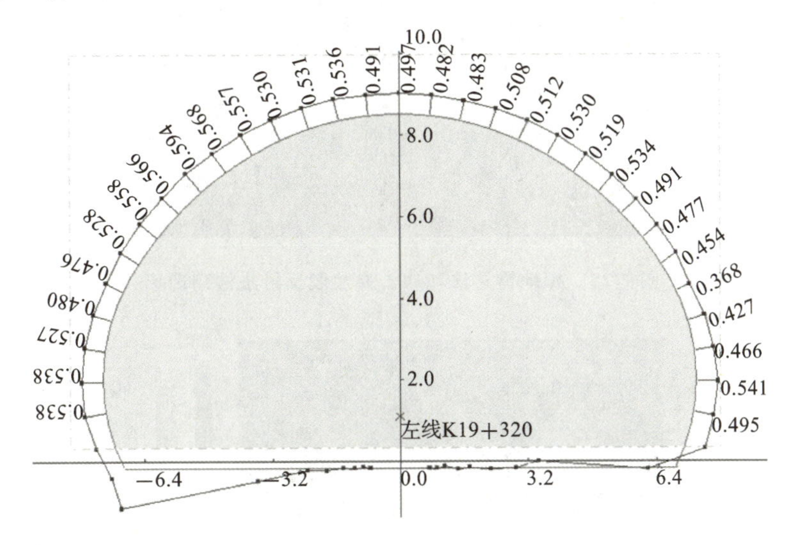

图 7-24　激光断面仪检测断面

7.3.2　喷锚衬砌施工质量检测

喷锚衬砌是喷射混凝土支护、锚杆支护、喷射混凝土＋锚杆支护、喷射混凝土＋锚杆支护＋钢筋网支护、喷射混凝土＋锚杆支护＋钢筋网支护＋钢架支护的统称，是一种加固围岩、控制围岩变形、能充分利用和发挥围岩自承力的衬砌形式，具有支护及时、柔性、紧贴围岩、与围岩共同工作等特点。

喷锚衬砌是一个复杂的复合结构体，其质量检测往往采用分项进行。

锚杆现场质量检测内容包括锚杆孔位、锚杆方向、钻孔深度、孔径、锚杆锚固剂强度、锚杆垫板、锚杆数量、锚杆抗拉拔力、锚杆锚固长度和灌浆质量。主要用到的仪器设备有锚杆拉拔计、锚杆质量无损检测仪等。

喷射混凝土现场质量检测内容包括喷射混凝土强度、厚度、外观及平整度、背后空洞等。主要用到的仪器设备有回弹仪、地质雷达及基于冲击弹性波的混凝土质量测试仪等。

另外，喷锚衬砌施工质量检测还包括钢筋网检测、钢架检测、断面尺寸检测等。

7.3.3　混凝土衬砌施工质量检测

混凝土衬砌是隧道结构的重要组成部分，是隧道防水工程的最后一道防线，也是隧道外观的直接体现。混凝土衬砌施工质量检测内容包括混凝土强度、结构厚度、密实度、衬砌外观、背后脱空等。

隧道衬砌脱空检测多采用探地雷达法检测，也可以采用冲击弹性波反射法检测。如图 7-25 所示，某隧道采用两种测试方法对隧道脱空进行同步检测。冲击弹性波反射法检测云图如图 7-26 所示，探地雷达法检测剖面如图 7-27 所示。

图 7-25　探地雷达法和冲击弹性波反射法检测现场

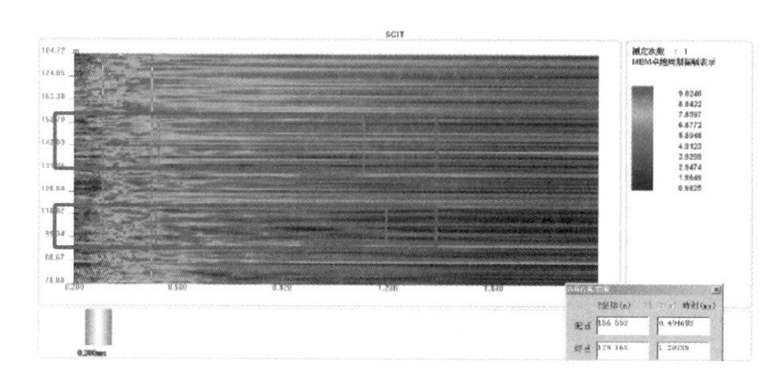

图 7-26　冲击弹性波反射法检测云图

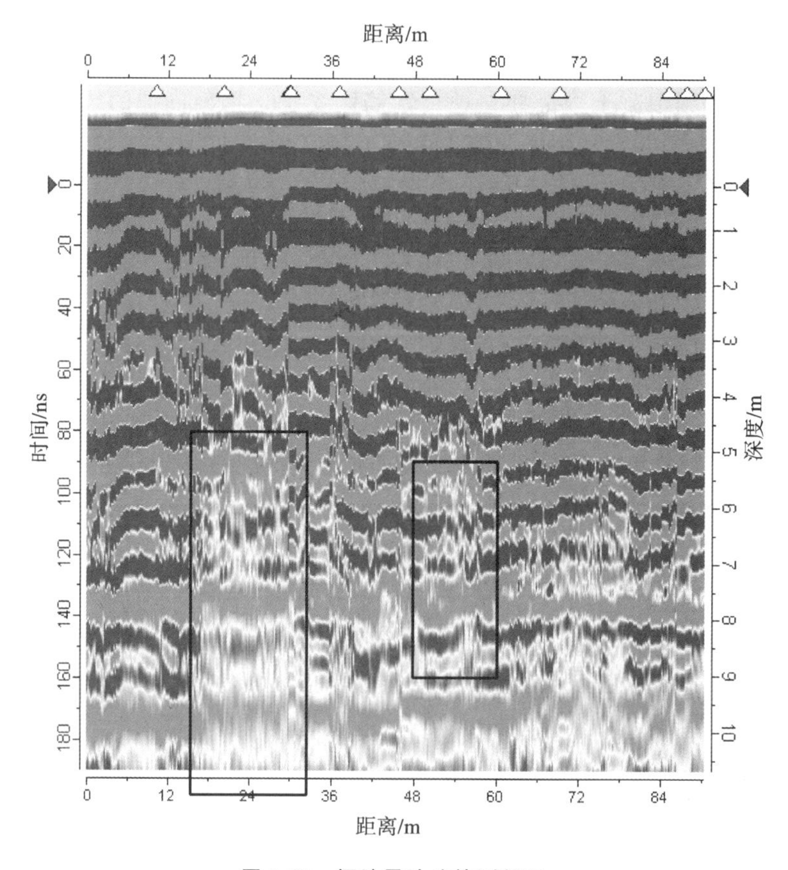

图 7-27　探地雷达法检测剖面

两种方法检测结果对比如表7-2所示。

表7-2　两种方法检测结果对比

检测方法	冲击弹性波反射法	探地雷达法
脱空位置范围	94～114 m 129～156 m	93～106 m 122～135 m

7.3.4　防排水检测

隧道渗漏水是隧道的常见病害之一。隧道渗漏水将加快衬砌混凝土的碳化速度，缩短隧道的使用寿命。隧道防排水是隧道工程的一项重要内容。

防水检测主要包括防水层质量检测和止水带的施工质量检测。

排水检测主要包括排水盲管、横向导水管、路侧边沟、深埋水沟、防寒泄水洞等的质量检查。

7.3.5　辅助工程施工质量检查

辅助工程是指在一定围岩条件下，在隧道开挖前或开挖中采取的一定辅助施工措施。采用辅助施工措施对隧道不良地质地段的围岩进行加固，以确保隧道结构的稳定性和安全性。

对于该类结构的超前锚杆、小导管等，相关规程给出了明确的检测评定标准，检测项目包括长度、孔位、钻孔深度、孔径等。除此之外，还需要对注浆效果进行检查，注浆效果检测方法包括分析法、检查孔法、物探无损检测法，注浆效果如未达到设计要求，应补充钻孔再注浆。

7.3.6　施工监控测量

隧道施工监控测量是指在隧道施工过程中使用各种仪表和工具，对围岩和支护衬砌的变形、受力状态进行监测。监控量测的内容较多，通常分为必测项目和选测项目两类。

必测项目包括洞内外观察(现场观测、地质罗盘等)、拱顶下沉测量(水准仪、钢尺、全站仪等)、周边收敛测量(各类收敛计、全站仪等)、地表弯沉观测(水准仪、钢尺、全站仪等)。

选测项目较多，包括围岩内部位移测量、锚杆轴力测量、围岩与喷射混凝土间接触压力测量、喷射混凝土与二衬间接触压力测量、喷射混凝土内应力测量、二衬内应力测量等。

7.3.7　超前地质预报

隧道超前地质预报是一项复杂的系统工作，由于地质勘察精度有限，不可能将施工中所有遇到的地质情况全部查清，或由于其他原因，设计图纸遗漏很多严重影响施工的地质构造(如断层)或其他不良地质，有时还会出现判断上的失误或严重失误，特别对于数量占大多数、勘察程度较差的中长、中小隧道来说，上述问题尤为突出。所以，隧道施工地质人员的首要工作，就是对设计单位提交的图纸进行地质复查和核实。

地质调查可分为重点复查和全面调查两类。前者适用于地质勘察工作较好、精度较高的隧道，主要为少数长大隧道；后者适用于地质勘察工作较差或很差、设计图纸与施工实践不符或严重不符的隧道，主要为大多数的中长、中小隧道。

地质具体调查方法和工作步骤，视调查对象而定，主要的地质调查（复查）对象可划分为以下五个方面。

(1) 地层地质方面：包括岩层层序，特殊岩层。

(2) 构造地质方面：包括断层及其破碎带，背斜、向斜褶皱，岩浆岩及其接触界面等。

(3) 岩溶地质方面：溶洞与暗河，岩溶陷落柱与淤泥带等。

(4) 瓦斯地质方面：主要是煤系地层调查。

(5) 水文地质方面：包括汇水区、泄水区，泉水分布、地貌特征等。

上述五个方面的地面调查（复查）工作不是独立进行的，而是相互关联、互为补充的，常常是一种调查方法解决几方面问题。

7.3.8 运营隧道结构检查

对运营期的公路隧道进行检查和调查，以便尽早发现隧道劣化、损伤、缺陷等病害，从而真实地掌握结构的性能状况。参照我国 2015 年制定与实施的《公路隧道养护技术规范》(JTG H12—2015)，对隧道等土建结构的检查工作分为四类：经常检查、定期检查、应急检查和专项检查。各类检查的检查频率、内容和判定标准不一。

隧道的健康监测主要包含衬砌裂缝的调查与分析、衬砌混凝土强度、衬砌厚度及背后回填状况检测以及隧道断面检测等方面。《铁路隧道衬砌质量无损检测规程》(TB 10223—2004)中详细说明了铁路隧道衬砌质量无损检验的技术要求，同时介绍了如探地雷达法、声波法等检测衬砌混凝土强度、厚度及背后回填状况的方法。此规程也为公路隧道的衬砌质量检验提供了借鉴。

运营隧道的变异是在各种因素综合作用下的结果。产生隧道病害的原因主要分为两类：一类是外因，即环境条件和外力等外部因素；另一类是内因，即设计、施工和材料等构造方面的影响。

运营隧道的安全评估是对隧道健康状态进行的综合评价，依据隧道病害的检测结果，结合隧道健康状态的评价方法，利用评价指标和评价模型来完成。

习　题

1. 举例说明路面平整度测试方法按测试设备大致可分为哪几类。
2. 判定道路抗滑性能的构造深度测试方法有哪些？
3. 桥梁的哪些性能可以通过静荷载试验加以检验？
4. 简要说明桥梁动荷载试验内容主要有哪些。
5. 隧道工程现场检测内容有哪些？
6. 喷射混凝土需要检测的参数包括哪些？分别可使用什么方法加以测试？
7. 超前地质预报一般预报内容包括哪些？

项目 8　现代信息技术

学习目标

1. 知识目标

(1) 了解数据库技术、物联网技术和 BIM 系统的基本概念、原理和特点。

(2) 掌握数据库技术在数据存储、管理和查询中的应用。

(3) 了解物联网技术在工程监控、数据采集和智能管理中的应用。

2. 能力目标

(1) 提升应用数据库技术进行数据管理和分析的能力。

(2) 培养利用物联网技术进行工程监控和智能管理的技能。

(3) 提高解决实际工程问题的能力,能够综合运用多种现代信息技术。

3. 思政目标

(1) 树立信息化时代的创新意识,增强新技术的学习和应用能力。

(2) 培养信息安全和数据隐私保护的意识,增强责任感和职业道德。

(3) 提高现代信息技术在推动工程行业进步中的重要性的认识,增强服务社会的使命感和责任感。

8.1 数据库技术

8.1.1 数据库技术的产生及发展

数据库技术产生于20世纪60年代末至20世纪70年代初，是研究和解决计算机信息处理过程中大量数据有效组织和存储问题的技术，在数据库系统中可以减少数据存储冗余、实现数据共享、保障数据安全以及高效地检索数据和处理数据。数据库技术的根本目标是要解决数据的共享问题。数据库技术是现代信息科学与技术的重要组成部分，是计算机数据处理与信息管理系统的核心。

数据模型是数据库技术的核心和基础，因此数据库系统发展阶段的划分应该以数据模型的发展演变作为主要依据和标志。数据库技术主要经历了三个发展阶段：第一代是网状和层次数据库系统；第二代是关系数据库系统；第三代是以面向对象数据模型为主要特征的数据库系统。数据库技术与网络通信技术、人工智能技术、面向对象程序设计技术、并行计算技术等相互渗透、有机结合，成为当代数据库技术发展的重要特征。

第一代数据库系统是20世纪70年代研制的网状和层次数据库系统。层次数据库系统的典型代表是1969年IBM公司研制的层次模型数据库管理系统IMS。20世纪60年代末至20世纪70年代初，美国数据库系统语言协会(conference on data system language, CODASYL)下属的数据库任务组(data base task group, DBTG)提出了若干报告，被称为DBTG报告。DBTG报告确定并建立了网状数据库系统的许多概念、方法和技术，是网状数据库的典型代表。在DBTG报告思想和方法的指引下，数据库系统的实现技术不断成熟，开发了许多商品化的数据库系统，它们都是基于层次模型和网状模型而建立的。

可以说，层次数据库是数据库系统的先驱，而网状数据库则是数据库概念、方法、技术的奠基者。

第二代数据库系统是关系数据库系统。1970年IBM公司的San Jose研究试验室的研究员Edgar F. Codd发表了题为《大型共享数据库数据的关系模型》的论文，提出了关系数据模型，开创了关系数据库方法和关系数据库理论，为关系数据库技术奠定了理论基础。Edgar F. Codd于1981年被授予ACM图灵奖，以表彰他在关系数据库研究方面的杰出贡献。

20世纪70年代是关系数据库理论研究和原型开发的时代，其中以IBM公司的San Jose研究试验室开发的System R和加州大学伯克利分校研制的Ingres为典型代表。大量的理论成果和实践经验终于使关系数据库从实验室走向了社会，因此人们把20世纪70年代称为数据库时代。20世纪80年代几乎所有新开发的系统均是关系型的，其中涌现出了许多性能优良的商品化关系数据库管理系统，如DB2、Ingres、Oracle、Informix、Sybase等。这些商用数据库系统的应用使数据库技术日益广泛地应用到企业管理、情报检索、辅助决策等方面，成为实现和优化信息系统的基本技术。

20世纪80年代以来，数据库技术在商业上的巨大成功刺激了其他领域对数据库技术的需求。这些新领域为数据库应用开辟了新的天地，并在应用中提出了一些新的数据管理的需求，推动了数据库技术的研究与发展。1990年高级DBMS功能委员会发表了《第三代数据库系统宣言》，提出了第三代数据库管理系统应具有的三个基本特征：应支持数据管理、对象管理和知识管理；必须保持或继承第二代数据库系统的技术；必须对其他系统开放。

8.1.2　数据库技术的应用及特点

数据库最初是大公司或大机构大规模事务处理的基础。后来随着个人计算机(personal computer，PC)的普及，数据库技术被移植到PC上，供单用户个人数据库应用。接着，由于PC在工作组内连成网，数据库技术就移植到工作组级。现在，数据库正在互联网和内联网中广泛使用。

20世纪60年代中期，数据库技术主要用来解决文件处理系统问题。当时的数据库处理技术还很脆弱，常常发生应用不能提交的情况。20世纪70年代关系模型的诞生为数据库专家提供了构造和处理数据库的标准方法，推动了关系数据库的发展和应用。1979年，Ashton-Tate公司引入了微机产品dBase Ⅱ，并称之为关系数据库管理系统，从此数据库技术移植到了个人计算机上。20世纪80年代中期到后期，终端用户开始使用局域网技术将独立的计算机连接成网络，终端之间共享数据库，形成了一种新型的多用户数据处理，称为客户机/服务器数据库结构。现在，数据库技术正同互联网技术相结合，以便在机构内联网、部门局域网，甚至万维网上发布数据库数据。

8.1.3　数据库技术在建筑行业的应用

随着以计算机、通信、网络为标志的高新技术的飞速发展和信息技术在社会各个领域的广泛应用，使用信息管理系统(数据库技术)代替原来的手工管理方式，以及重新认识和再造各种企业原有的业务流程，成了企业在激烈的市场竞争中取胜的战略手段。使用信息管理系统(数据库技术)，可以实现自动化管理流程，降低管理人员的工作负荷，加快信息处理的速度，提高信息的质量和利用率，敏捷反映顾客需求的变化。信息系统通过降低成本，提高工作质量，缩短产品或服务的交付周期，使得企业获取更高的利益，从根本上提升企业的市场竞争能力。

在国内，已经有一些比较知名的信息系统，例如，“3H通用建设工程质量检测管理信息系统”建立在专业数据库平台和互联网平台上，信息化管理覆盖整个检测工作流程，减少了人工干预，提高了检测工作的科学性、准确性和公正性，同时通过互联网平台定时汇总见证、送检、检测结果数据，确保各地市建设行政主管部门能够随时调用和查看检测数据及相关质量信息，进行各种数据汇总和统计，及时准确地了解工程质量情况。

建设工程质量检测管理信息系统，主要特点是利用互联网技术和分布式数据库技术，在一定范围内建立工程质量检测信息监管网络，为上级工程质量主管部门建立一个能及时汇总工程质量检测(见证、取样、送检)信息的数据集成管理平台，实现对工程建设项目施工质量及检测机构的监管。

建材检测管理系统从建筑工程材料质量检测行业的实际应用出发，涵盖了工程管理、委托收样、收费登记、试验、审核、签发、打印流程；可设置用户相关的职务权限、工作权限；使用了模板报表的技术，采用动态模板作为报表载体，支持用户对报表的二次开发。某公司开发的数据库管理系统如图 8-1 所示。

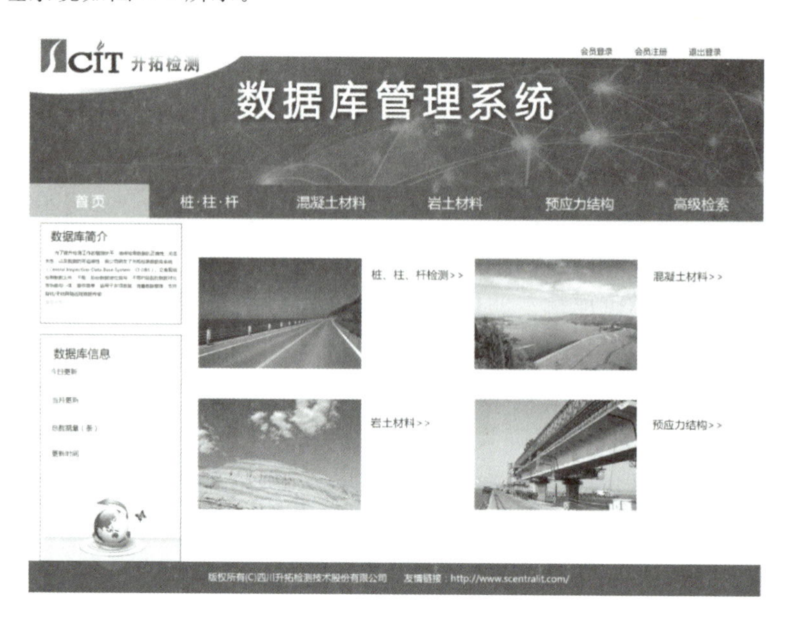

图 8-1 某公司开发的数据库管理系统

8.2 物联网技术

8.2.1 物联网技术的产生及发展

物联网指的是将无处不在的末端设备和设施，包括具备“内在智能”的传感器、移动终端、工业系统、数控系统、家庭智能设施、视频监控系统等，和“外在使能”的贴上 RFID 的各种资产、携带无线终端的个人与车辆等“智能化物件或动物”或“智能尘埃”，通过各种无线/有线的长距离/短距离通信网络实现互联互通、应用大集成，以及基于云计算的 SaaS 营运等模式，在内网、专网或互联网环境下，采用适当的信息安全保障机制，提供安全可控乃至个性化的实时在线监测、定位追溯、报警联动、调度指挥、预案管理、远程控制、安全防范、远程维保、在线升级、统计报表、决策支持、领导桌面等管理和服务功能，实现对“万物”的“高效、节能、安全、环保”的“管、控、营”一体化。

物联网这个词国内外普遍认为是 MIT Auto-ID 中心 Ashton 教授 1999 年在研究 RFID 时最早提出来的。在 2005 年国际电信联盟发布的同名报告中，物联网的定义和范围已经发生了变化，覆盖范围有了较大的拓展，不再只是指基于 RFID 技术的物联网。

自 2009 年 8 月温家宝总理提出“感知中国”以来，物联网被正式列为国家五大新兴战略性产业之一，并写入《政府工作报告》，物联网在中国受到了全社会极大的关注。

物联网的概念与其说是一个外来概念，不如说是一个“中国制造”的概念，它的覆盖范围与时俱进，物联网已被贴上“中国式”标签。

8.2.2 物联网技术的体系架构

物联网典型体系架构分为 3 层，自下而上分别是感知层、网络层和应用层（见图 8-2）。

感知层是物联网能全面感知的核心能力，是物联网中关键技术标准化、产业化方面亟须突破的部分。其关键在于具备更精确、更全面的感知能力，并解决低功耗、小型化和低成本问题。网络层主要以广泛覆盖的移动通信网络作为基础设施，是物联网中标准化程度最高、产业化能力最强、最成熟的部分，其关键在于为物联网应用特征进行优化改造，形成系统感知的网络。应用层提供丰富的应用，将物联网技术与行业信息化需求相结合，实现广泛智能化的应用解决方案。其关键在于行业融合、信息资源的开发利用、低成本高质量的解决方案、信息安全的保障及有效商业模式的开发。

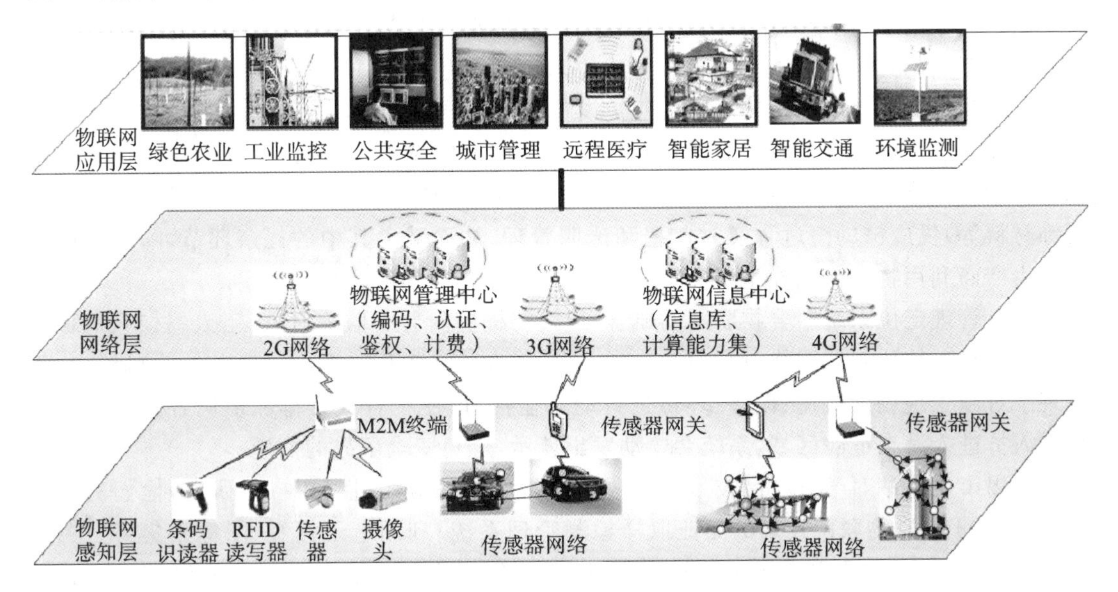

图 8-2　物联网典型体系架构

物联网体系主要由运营支撑系统、传感网络系统、业务应用系统、无线通信网系统等组成。

通过传感网络，可以采集所需的信息，顾客在实践中可运用 RFID 读写器与相关的传感器等采集其所需的数据信息，在网关终端进行汇聚后，可通过无线网络远程将其顺利地传输至指定的应用系统中。此外，传感器还可以运用 ZigBee 与蓝牙等技术实现与传感器网关有效通信的目的。市场上常见的传感器大部分都可以检测到相关的参数，包括压力、湿度或温度等。一些专业化、质量较高的传感器通常还可检测到重要的水质参数，包括浊度、水位、溶解氧、电导率、藻蓝素含量、pH 值、叶绿素含量等。

运用传感器网关可以实现信息的汇聚，同时还可以运用通信网络技术使信息远距离传输，并顺利到达指定的应用系统中。

移动业务运营商所定义的机器对机器通信（M2M）的简称也是另一种狭义的物联网业务，其特指基于蜂窝移动通信网络（包括 CDMA 1X、EVDO、GPRS、WCDMA、TD-SCDMA 等），使用通过程序控制自动完成通信的无线终端开展的机器间交互通信业务，其中至少一方是机器设备。物联网和 M2M 已成为继计算机、互联网与移动通信网之后的世界信息产业第三次浪潮。M2M 业务可以广泛地应用到众多的行业中，包括车辆、电力、金融、环保、石油、个人与企业安防、水文、军事、消防、气象、煤炭、农业与林业等。

M2M 平台具有一定的鉴权功能，因此可以为顾客提供必要的终端管理服务，同时，对于不同的接入方式，其都可顺利接入 M2M 平台，因此可以更顺利、更方便地进行数据传输。

此外，M2M 平台还具备一定的管理功能，其可以对用户鉴权、数据路由等进行有效管理。而对于 BOSS 系统，其由于具备较强的计费管理功能，因此在物联网业务中得到广泛的应用。

业务应用系统主要提供必要的应用服务，包括智能家居服务、一卡通服务、水质监控服务等，所服务的对象不仅仅是个人用户，也可以是行业用户或家庭用户。

8.2.3 物联网技术在建筑行业的应用

传统思维是将物理设施和 IT 设施分开，一路是机场、公路、建筑物等现实的世间万物；另一路是数据电脑、宽带等虚拟的互联网。而在“物联”时代，“现实的世间万物”将与“虚拟的互联网”整合为统一的“整合网络”，全球的运转以此为基础。

智能建筑监控系统通过物联网对建筑设备和人员进行监控，实现水、电及门禁系统的智能化管理。这样做不仅可以提高居住环境的舒适度和安全性，同时也能节约能源使建筑物绿色智能化。物联网在建筑原材料供应链中的应用，实现了建筑材料（如商品混凝土、名贵装饰材料等）供应链的全过程实时监控和透明管理，从而减少其中的冗余环节，降低供应成本。生产商利用物联网监控生产流程，并且根据产品销售情况合理安排生产。

安全管理定位系统结合物联网的概念，通过将标签附着于监控对象（工人、材料、机械设备等）上，经无线传感器网络收集包含对象位置的动态信息并反馈给管理者的读写器，从而实现了对施工现场的人员、设备、环境进行动态监控，以便于合理安排和协调各种资源。如果有人员进入潜在危险区域，系统会主动发出警示，避免安全事故的发生。

无锡市质监站对于物联网技术在工程质量检测中的应用进行了一些研究，他们的研究课题《基于 RFID 物联网技术的见证取样检测管理系统》利用电子标签、图像采集、定位、数据上传等技术，通过建立现场试件材料信息、见证取样人员信息以及材料检测信息的数据库，实现了对见证取样过程的动态实时监控，规范了见证取样过程，保证了材料见证取样的真实性和代表性。

物联网在建筑结构安全检测方面也得到了应用。首先，运用无线传感器网络对建筑的不同部位进行安全隐患检测。在此基础上对不同区域的缺陷程度做关联性计算，求出内在安全性联系系数，从而对各区域进行安全性评估，最后得到建筑整体的安全性评估。该方法在一定程度上实现了对建筑的整体检测，相对于以往检测中只对不安全因素的简单相加来进行评估更为科学合理。但是该方法是在对各隐患区域检测和评估的基础上，通过相关性计算实现结构整体的评估，并不是直接在结构整体上进行的检测。

物联网在建筑工程中的应用研究已经取得一些成果。随着应用的逐渐深化，物联网的应用将会全面改变工程建设全过程的工作模式。物联网在工程质量检测方面的应用方法也将成为今后一段时间的研究热点。

8.3 BIM 系统

8.3.1 BIM 系统的产生及发展

建筑信息模型（building information modeling，BIM）是以建筑工程项目的各项相关信息数据作为模型的基础，进行建筑模型的建立，通过数字信息仿真模拟建筑物所具有的真实信息。BIM 不是简单地将数字信息进行集成，而是一种数字信息的应用，并可以用于设计、建造、管理的数字化方法。BIM技术支持建筑工程的集成管理环境,可以使建筑工程在其整个进程中显著提高效率、大量减少风险。

从1975年佐治亚理工大学的Chuck Eastman教授创建了BIM理念至今,BIM技术的研究经历了三大阶段:萌芽阶段、产生阶段和发展阶段。BIM理念的启蒙,受到了1973年全球石油危机的影响,美国全行业需要考虑提高行业效益的问题,1975年"BIM之父"Eastman教授在其研究的课题"Building Description System"中提出"a computer-based description of a building",以便于实现建筑工程的可视化和量化分析,提高工程建设效率。

8.3.2 BIM系统的特点

BIM系统具有以下八个特点。

(1)可视化:即"所见所得"的形式。对于建筑行业来说,可视化的真正运用在建筑行业的作用是非常大的。例如,工人经常拿到的施工图纸,各个构件的信息在图纸上采用线条绘制表达,但是其真正的构造形式就需要建筑行业参与人员去自行想象了。

(2)协调性:BIM系统可在建筑物建造前期对各专业的碰撞问题进行协调,生成协调数据。

(3)模拟性:模拟性并不是只能模拟设计出的建筑物模型,还可以模拟不能够在真实世界中进行操作的事物。

(4)优化性:整个设计、施工、运营的过程就是一个不断优化的过程,当然优化和BIM也不存在实质性的必然联系,但在BIM的基础上可以进行更好的优化。

(5)可出图性:BIM通过对建筑物进行可视化展示、协调、模拟、优化,可以帮助业主出各种图纸。

(6)一体化性:基于BIM技术可进行从设计到施工再到运营,贯穿了工程项目的全生命周期的一体化管理。BIM的技术核心是一个由计算机三维模型所形成的数据库,不仅包含了建筑的设计信息,而且可以容纳从设计到建成使用,甚至是使用周期终结的全过程信息。

(7)参数化性:参数化建模指的是通过参数而不是数字建立和分析模型,只需简单地改变模型中的参数值就能建立和分析新的模型;BIM中图元以构件的形式出现,这些构件之间的不同是通过参数的调整反映出来的,参数保存了图元作为数字化建筑构件的所有信息。

(8)信息完备性:BIM技术可对工程对象进行3D几何信息和拓扑关系的描述,以及完整的工程信息描述。

8.3.3 BIM系统在建筑行业的应用

建立以BIM应用为载体的项目管理信息化,提升项目生产效率、提高建筑质量、缩短工期、降低建造成本。BIM系统示意如图8-3所示。

BIM数据库的创建,通过建立5D关联数据库,可以准确快速计算工程量,提升施工预算的精度与效率,让相关管理条线快速准确地获得工程基础数据,为施工企业制定精确人材计划提供有效支撑,大大减少了资源、物流和仓储环节的浪费,为限额领料、消耗控制提供技术支撑。某建筑BIM系统模型如图8-4所示。

在结构安全鉴定中,建筑各种安全质量问题,以及市场中不断涌现的新产品和新技术,对我国现有的结构安全鉴定技术和方法提出了新的挑战。建筑的检测鉴定作为建筑加固改造或运维的重要技术支撑及参考依据,可以划分在建筑全生命周期的第五阶段。但是目前

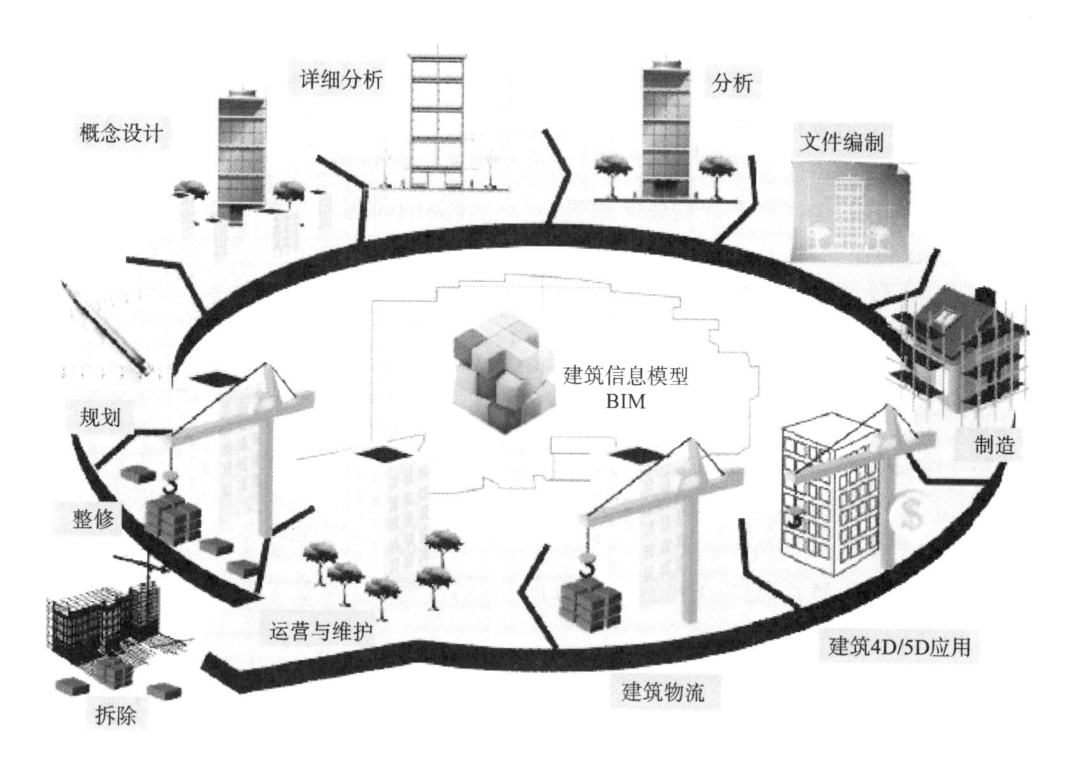

图 8-3　BIM 系统示意

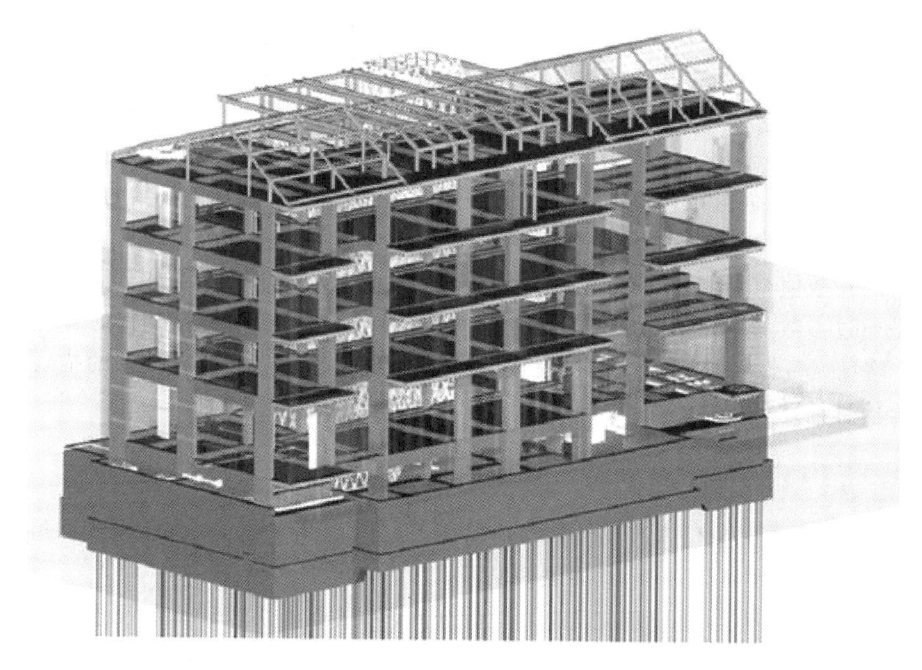

图 8-4　某建筑 BIM 系统模型

BIM 系统除在建筑设计和施工方面应用较为广泛外，尚未真正应用到检测鉴定领域。

建筑行业目前的信息化程度已难以满足实际需求，传统的检测方法已不能适应当前信息技术的发展要求。例如，检测后根据构件鉴定的不同等级如何用不同特征的标识表示出来；新旧构件的协调显示及碰撞冲突检查等。

BIM技术为检测领域提供了新方法。利用BIM技术,构建结构的三维信息模型,使之能全面覆盖结构构造信息。在检测过程中,利用BIM软件二次开发工具,将构件检测数据链接到结构的三维信息模型中。这样,BIM技术构建的三维信息模型,将包含建筑物多种数据信息。依托于BIM技术的可视化、信息化、标准化、模块化及面向对象等特性,该方法协助检测人员对检测项目进行统一管理,使各检测人员能够做到协同工作。同时,能够降低检测项目成本,提高效率,并实现结构可靠性检测过程的全生命周期管理。检测人员能够方便快捷地查看已检测项目及检测部位或待检测项目等。检测人员可以随时提取检测项目相关数据,包括构件强度,裂缝情况等。利用数据库技术,将标注在结构三维信息模型中的各种检测项目的检测数据提取至数据库中。在数据库中,对检测数据进行智能查找、管理等,并结合规范自动生成检测报告。实现了检测现场检测数据记录无纸化,并且后期数据处理方便快捷,提高了检测效率和准确率。

习　题

1. 数据库技术的发展经历了哪三个阶段?
2. 物联网技术的体系架构包括哪些方面?
3. BIM的概念是什么?BIM系统有哪些特点?